应用型高等院校改革创新示范教材

C 语言程序设计实验指导与实训

主　编　倪　燃

副主编　张　岳　相　伟　黄卫东

主　审　吴昌平

中国水利水电出版社
www.waterpub.com.cn

·北京·

内 容 提 要

本书以实例为基础，紧扣高校计算机基础教育实验教学大纲，并结合最新全国计算机等级考试大纲要求，由浅入深地为读者精心编排了 18 个课内实验和 1 个综合设计实训，选用了 150 个程序设计项目。本书主要内容包括：VC 集成开发环境，顺序结构程序设计，选择结构程序设计，循环结构程序设计，顺序、分支、循环综合应用，数组程序设计，函数，函数综合应用，指针，指针处理函数，结构体，指针结构体综合应用，文件的应用，C 语言综合设计。

每个实验（除实验 1）包含实验目的、实验内容及步骤、典型习题讲解、二级考试提高和习题与思考 5 个部分，教师可以按照学生学习情况安排上机必做、选做及课后练习；综合设计实训选用了一个完整的系统，给出了模块划分、流程设计和程序编写的详细过程。本书所有程序均在 Windows XP 和 Windows 7 两个系统平台下通过 Visual C++6.0 进行编译执行。

本书可以与李凤云主编的《C 语言程序设计实用教程》或其他内容类似的教材配套使用，也可以单独作为上机实训等实践性课程或二级考试上机练习的教材使用。

本书提供实例的完整源代码，读者可以从中国水利水电出版社网站或万水书苑上免费下载，网址为：http://www.waterpub.com.cn/softdown/和 http://www.wsbookshow.com/。

图书在版编目（C I P）数据

C语言程序设计实验指导与实训 / 倪燃主编. -- 北
京：中国水利水电出版社，2019.6（2021.8 重印）
应用型高等院校改革创新示范教材
ISBN 978-7-5170-7832-6

Ⅰ. ①C… Ⅱ. ①倪… Ⅲ. ①C语言－程序设计－高等
学校－教材 Ⅳ. ①TP312.8

中国版本图书馆CIP数据核字 (2019) 第148567号

策划编辑：杜 威　　责任编辑：张玉玲　　加工编辑：王玉梅　　封面设计：李 佳

书　　名	应用型高等院校改革创新示范教材 C 语言程序设计实验指导与实训 C YUYAN CHENGXU SHEJI SHIYAN ZHIDAO YU SHIXUN
作　　者	主 编 倪 燃 副主编 张 岳 相 伟 黄卫东 主 审 吴昌平
出版发行	中国水利水电出版社 （北京市海淀区玉渊潭南路 1 号 D 座　100038） 网址：www.waterpub.com.cn E-mail: mchannel@263.net（万水） 　　　　sales@waterpub.com.cn 电话：（010）68367658（营销中心）、82562819（万水）
经　　售	全国各地新华书店和相关出版物销售网点
排　　版	北京万水电子信息有限公司
印　　刷	三河市航远印刷有限公司
规　　格	184mm×260mm　16 开本　14 印张　340 千字
版　　次	2019 年 6 月第 1 版　2021 年 8 月第 3 次印刷
印　　数	5001—8000 册
定　　价	35.00 元

凡购买我社图书，如有缺页、倒页、脱页的，本社营销中心负责调换

前　　言

C 语言是一门典型的计算机程序设计语言，也是各高校计算机教育的入门语言，而上机实验是学好一门程序设计语言的重中之重。本书的编写目的就是通过大量的实践训练带领学习者从模仿程序到研读程序，从研读程序到设计程序，由浅入深地掌握 C 语言。

本书以实例为基础，紧扣高校计算机基础教育实验教学大纲，并结合最新全国计算机等级考试大纲要求，由浅入深地为读者精心编排了 VC 集成开发环境、顺序结构程序设计、选择结构程序设计、循环结构程序设计、数组、函数、指针、结构体、文件等 18 个课内实验和 1 个综合设计实训，共选用了 150 个程序设计项目。18 个课内实验（除实险 1）均给出了每次实验的实验目的，并将每次实验题目分为例题、习题、训练三种实验项目。其中例题部分适合 C 语言的初学者结合课堂讲授进行上机练习，作者贴心地为每个程序设计了错误调试记录，学习者可以随时将自己在调试程序时出现的错误记录下来；习题部分可使任课教师根据学生能力设计为课堂选做题或课后练习作业以提高学生编程能力；训练部分是为学习能力较好的同学提供的二级提高练习项目，可以用作计算机等级考试的上机参考练习或课下扩展练习。

本书作者均来自高校一线教学老师，从事 C 语言教学和计算机等级考试工作多年，有丰富的教学经验，熟悉计算机等级考试。所选例题、习题、综合实训等实验项目均有一定的典型性。所选程序均在 Windows XP 和 Windows 7 两个系统平台下通过 Visual C++6.0 进行编译执行。作者提供所有程序源代码，读者可以从中国水利水电出版社网站和万水书苑上下载，网址为：http://www.waterpub.com.cn/softdown/和 http://www.wsbookshow.com/。

本书可以与李凤云主编的《C 语言程序设计实用教程》配套使用，也可以和其他内容类似的主教材配套使用，辅助学生上机实践，还可以单独作为上机实训等实践性课程或二级考试上机练习的教材使用。

本书由倪燃任主编，负责全书的统稿、修改、定稿工作，张岳、相伟、黄卫东任副主编，并由吴昌平任主审。本书主要编写人员分工如下：实验 1 由倪燃编写，实验 2、实验 3 由张岳编写，实验 4 由王德利编写，实验 5 至实验 7 由黄卫东编写，实验 8、实验 9 及实验 12 由相伟编写，实验 10、实验 11 由杨海编写，实验 13、实验 14 由徐成强编写，实验 15 由夏冰冰编写，实验 16 由毛玉明编写，实验 17、实验 18 由樊保军编写，实训由倪燃、庞稀愚编写。参与本书编写工作的还有朱可廷、李凤云、徐延峰老师。在此，谨向这些参编作者以及为本书出版付出辛勤劳动的同志深表感谢！

由于本书作者水平有限，书中难免存在缺点与错误，恳请广大读者批评指正。

作　者
2019 年 3 月

目　　录

实验 1　VC 集成开发环境

一、实验目的

1. 掌握 VC6.0 的启动与退出。
2. 了解 VC6.0 创建 C 程序的方法。
3. 了解使用 VC6.0 编写 C 语言的方法。

二、实验内容及步骤

【例题 1.1】在屏幕上显示 HELLO WORLD！。

问题分析：

使用单文档创建 C 程序文件，学会使用 VC 创建一个 C 程序文件。编译执行，查看编译后源程序文件夹中的文件构成并了解其文件类型及作用。

设计步骤：

（1）打开 VC 进入 VC++6.0 集成开发环境，如图 1-1 所示。

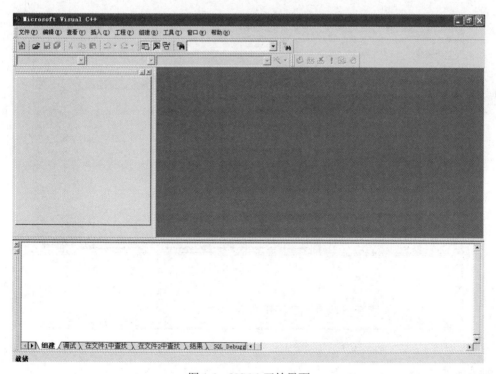

图 1-1　VC6.0 开始界面

（2）执行"文件"→"新建"命令调出"新建"对话框，如图 1-2 所示。选择"文件"选项卡中 C++ Source File 选项。在页面右面位置对话框中选择文件要保存的路径，路径文件夹需要事先在 Windows 资源管理器中建立好，最后输入文件名 liti1-1.c。

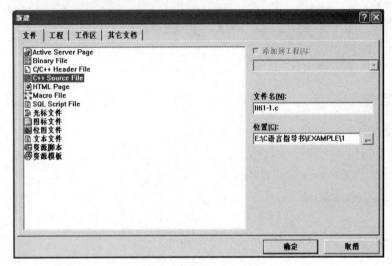

图 1-2　"新建"对话框

注意需要填写后缀名为.c。VC 默认后缀为.cpp。使用默认保存的文件为一个 C++的源程序文件，本书中所有程序均以.c 为后缀名。

（3）编写代码。在创建的源代码窗口中输入代码，如图 1-3 所示。

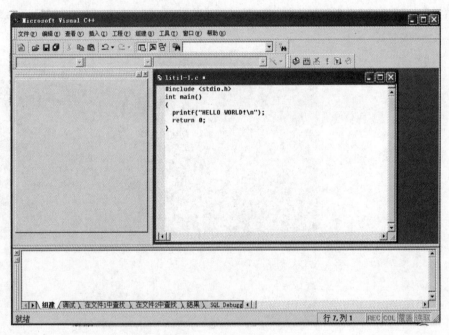

图 1-3　"代码"窗口

代码如下：

```
#include <stdio.h>
int main()
{
```

```
printf("HELLO WORLD!\n");
return 0;
}
```

（4）编译执行。选择"组建"菜单下的"编译"命令或单击编译微型条中第一个"编译"按钮进行编译（快捷键为 Ctrl+F7），如图 1-4 和图 1-5 所示。

图 1-4 "组建"菜单

图 1-5 编译微型条

此时，VC 会弹出激活工程工作空间对话框，选择"是"系统会自动创建一个默认的工程工作空间并对源代码进行编译。编译完成后在 VC 下方的输出窗口中的"组建"选项卡中会出现组件信息，如图 1-6 所示。

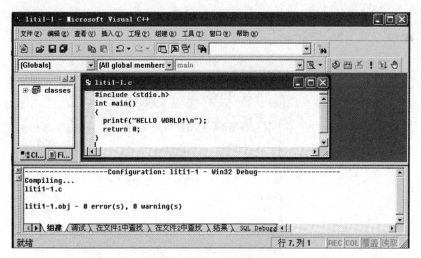

图 1-6 编译后的输出窗口

提示信息为：

liti1-1.obj - 0 error(s), 0 warning(s)

这表示所编写程序中的语法错误及警告数为 0，我们可以组建执行该程序了，如果你的程序中有错误，在此信息窗口中也会给予提示。

另外，注意此时编译微型条中的变化，编译条中的叹号由灰色变成了可以单击的红色，表示创建好工作空间了，可以单击运行了。选择"组建"菜单下的"执行"命令，或直接单击编译条中红色叹号进行运行。

运行结果如图 1-7 所示。

图 1-7　运行结果

三、典型习题讲解

【习题 1.1】编写一个 C 语言程序，要求输出以下信息：

```
*****************************
V e r y   g o o d !
*****************************
```

问题分析：

本题目主要考查同学们对 VC 编程环境的认识程度，创建好一个标准 C 程序文件，在文件中输入正确的 include 语句与 main 函数结构，在 main 函数中利用 printf 语句编写打印程序，利用"编译"按钮进行编译，如出现错误，学会如何调试修正。最后利用"执行"按钮将程序输出。

设计步骤：

（1）按照例题 1.1 的步骤（1）和步骤（2）创建一个标准 C 文件，命名为 xiti1-1.c。

（2）在 xiti1-1.c 文件中输入源程序代码，如图 1-8 所示。

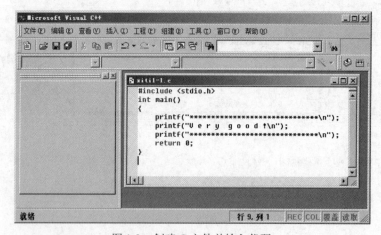

图 1-8　创建 C 文件并输入代码

代码如下：

```c
#include <stdio.h>
int main()
{
    printf("*****************************\n");
```

```
        printf("Very good !\n");
        printf("***************************\n");
        return 0;
    }
```

（3）编译执行。单击"编译"按钮（或按 Ctrl+F7 键）进行程序的编译链接。此时系统
会弹出如图 1-9 所示的提示框，提示是否创建默认的工程空间，单击"是"按钮。

图 1-9　创建默认工程空间提示框

此时，在 VC 的"组建"选项卡中会显示出程序错误和警告提示。如果无错误则如图 1-10
所示。

图 1-10　"编译"界面

确保程序无错误后，单击组建执行按钮或按 Ctrl+F5 键运行程序。确保程序无错误后，单
击"组建执行"按钮或按 Ctrl+F5 键运行程序。若程序为首次运行，会如图 1-11 所示提示用户
在 debug 目录下创建.exe 的可执行文件并运行，单击"是"按钮后开始运行，运行结果图 1-12
所示。

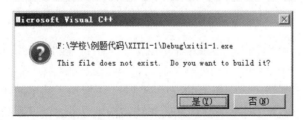

图 1-11　创建.exe 文件

图 1-12　运行结果

（4）出现错误及改正。在编译时如出现错误，错误会在组建窗口中被列出。双击错误提示，光标会停止在错误代码行上，如图 1-13 所示。

图 1-13　错误提示

此时对代码进行修改，直到无错误为止。同学们可以将自己在写程序时遇到的错误写入以下表格中。我们会在某些实验中为同学们提供常见错误表记录自己常犯的错误，这样有助于养成良好的编程习惯并提高编程的正确率。例如，初学者最常见的错误是忘记在每条语句后加上分号。此时，编译过程如图 1-13 所示。同学们可以双击错误代码进行语句检查。改正程序后请将错误代码与分析提示写入如下表格中。

错误语句	错误代码	错误分析	改正语句
printf("Ｖｅｒｙ　ｇｏｏｄ !\n")	error C2146	缺少分号	printf("Ｖｅｒｙ　ｇｏｏｄ !\n");

【习题 1.2】编写一个 C 程序，输入 a、b、c 三个值，输出其中最大值。

问题分析：

该题目除了考查学生对于 VC 环境的应用能力外，还增加了简单的比较算法及选择结构语句，对于初学者而言，可以暂时不关心具体的算法结构，更多的调试和改错可以使你更快地进入角色。

设计步骤：

（1）打开 VC，创建 C 程序文件 xiti1-2.c。

（2）输入源代码。

```
#include <stdio.h>
int main()
{
    //定义整型变量
    int a,b,c,max;
    //输入
    printf("请输入 a,b,c:");
    scanf("%d,%d,%d",&a,&b,&c);    //判断最小值
    max=a;
    if(b>max) max=b;
    if(c>max) max=c;
    //输出
    printf("最大的数：%d\n",max);
    return 0;
}
```

（3）编译执行。运行结果如图 1-14 所示。在光标提示符后输入"4,5,6"，运行结果显示"最大的数：6"。

图 1-14 运行结果

（4）错误调试记录。

错误语句	错误代码	错误分析	改正语句

四、计算机等级考试介绍

全国计算机等级考试于 2013 年进行了无纸化考试改革，无纸化考试中，传统考试的笔试部分被移植到计算机上完成，考核内容和要求不变。考试时间为 120 分钟，满分为 100 分，总分达到 60 分可以获得合格证书。上机题型占 60 分，其中程序填空题 18 分，程序改错题 18 分，程序编程题 24 分。本书在每次实验的第四部分都将适当补充上机真题的解析。

实验 2　顺序结构程序设计

一、实验目的

1．掌握 C 语言基本数据类型、运算符和赋值语句。
2．变量的定义及初始化。整型、实型、字符型等基本类型变量的定义和初始化。
3．熟练使用赋值运算、算术运算等表达式，能够编写简单顺序结构程序。
4．掌握 C 语言基本的输入输出。熟练使用标准输入、输出函数及各种数据类型的格式说明符。

二、实验内容及步骤

【例题 2.1】输入程序，查看输出结果。

（1）参照实验一创建 liti2-1.c 文件并输入以下代码。

```c
#include <stdio.h>
#define price 32
int main ()
{
    int num,total;
    num=10;
    total=num * price;
    printf("total=%d\n",total);
    return 0;
}
```

（2）编译执行。运行结果如图 2-1 所示。

图 2-1　运行结果

（3）错误调试记录。

错误语句	错误代码	错误分析	改正语句

【例题 2.2】输入如下程序，查看输出结果。

```c
#include <stdio.h>
int main()
{
    unsigned short a;
    a=-1;
    printf("%u\n",a);
    return 0;
}
```

运行以上程序，查看输出的结果，分析为什么会输出这些信息。

设计步骤：

（1）打开 VC，创建 liti2-2.c 文件。

（2）输入以上代码并编译执行。

（3）运行结果如图 2-2 所示。

图 2-2　运行结果

（4）分析提高。如果将程序第 4、第 5 行改为

```c
int a;
a=-2147483648;
```

运行时会输出什么信息？为什么？

（5）程序分析。无符号短整型（长度 2 字节）的取值范围为 0～65535，a=-1，-1 的补码是 1111111111111111，方法是：先写出 1 的二进制形式 0000000000000001，然后按位取反，1111111111111110，然后再加 1，结果为 1111111111111111。

因为 a 是无符号短整型变量，其左边第一位不代表符号，按"%d"格式输出，结果是 65535。对于无符号整型，二进制形式 0000～0000 为最小值；1111～1111 为最大值。其中第 1 位不代表符号。对于整型（默认长度为 4 字节），二进制形式 1000～0000 为最小值，0111～1111 为最大值。其中第 1 位为 0 代表正数，为 1 代表负数。

（6）错误调试记录。

错误语句	错误代码	错误分析	改正语句

【例题 2.3】编写程序如下，分析输出结果。

```c
#include <stdio.h>
int main()
```

```
    {
        char c,d;
        c='1';
        d=128;
        printf("%d\n",c+1);
        printf("%c\n",c+1);
        printf("%c\n",d);
        printf("%d\n",d);
        return 0;
    }
```

设计步骤:

（1）打开 VC，创建 liti2-3.c 文件。

（2）输入以上代码并编译执行。

（3）运行结果如图 2-3 所示。

图 2-3　输出字符变量的运行结果

（4）错误调试记录。

错误语句	错误代码	错误分析	改正语句

【例题 2.4】编写程序如下，分析输出结果。

```
#include <stdio.h>
int main()
{
    int a, b;
    float d, e;
    char c1, c2;
    long f, g;
    double m, n;
    unsigned int x, y;
    a = 65; b = 97;
    c1 = 'a'; c2 = 'b';
    d = 3.145; e = -6.874;
    f = 10000; g = -20000;
    m = 3141.592627; n = 0.123456789;
```

```
        x = 9527; y = 40000;
        printf("a=%c, b=%c\nc1=%d, c2=%c\nd=%6.2f, e=%6.2f\n", a, b, c1, c2, d, e);
        printf("f=%ld, g=%ld\nm=%15.6f, n=%15.12f\nx=%u, y=%u\n",f, g,m, n,    x, y);
        return 0;
    }
```

设计步骤：

（1）打开 VC，创建 liti2-4.c 文件。

（2）输入以上代码并编译执行。

（3）运行结果如图 2-4 所示。

图 2-4　格式化输出的运行结果

（4）错误调试记录。

错误语句	错误代码	错误分析	改正语句

【例题 2.5】编写程序如下，掌握 C 语言表达式和顺序结构。

```
#include <stdio.h>
#include <math.h>
int main()
{   double a,b,c,disc,x1,x2,p,q;
    scanf("%lf,%lf,%lf",&a,&b,&c);
    disc=b*b-4*a*c;
    p=-b/(2.0*a);
    q=sqrt(disc)/(2.0*a);
    x1=p+q;    x2=p-q;
    printf("x1=%5.2f\nx2=%7.2f\n",x1,x2);
    return 0;
}
```

设计步骤：

（1）打开 VC，创建 liti2-5.c 文件。

（2）输入以上代码并编译执行。

（3）在第一行输入"1,4,4"，运行结果如图 2-5 所示。

图 2-5　求解一元二次方程的运行结果

（4）分析提高。对于输入，同学们应注意输入格式和输入数值的问题，对于本题中 scanf 函数使用了这样的格式 "scanf("%lf,%lf,%lf",&a,&b,&c);"，因此，在输入时应按照"1,4,4"的输入方式分别给 a，b，c 输入值。请考虑如果按照"1　4　4"的格式输入，应该如何修改程序？

此外，当输入的数字为"4,5,6"时，此时运行结果会出现如图 2-6 所示的结果。为何会出现此种运行结果。

图 2-6　输入"4,5,6"时的运行结果

（5）错误调试记录。

错误语句	错误代码	错误分析	改正语句

【例题 2.6】编写程序如下，掌握 C 语言表达式和顺序结构。

```
#include <stdio.h>
main()
{
    int i,a,b;
    float x,y,z;
    i=1;
    x=++i;
    printf("x=%f\ni=%d\n",x,i);
    y=30.1234567;
    z=x+y;
    printf("z=%f\n",z);
```

```
        printf("z=%4.2f\n",z);
        printf("z=%6.2f\n",z);
        printf("z=%15.8f\n",z);
        printf("z=%e\n",x+y);
    }
```

设计步骤：

（1）打开 VC，创建 liti2-6.c 文件。

（2）输入以上代码并编译执行。

（3）运行结果如图 2-7 所示。

图 2-7　运行结果

（4）错误调试记录。

错误语句	错误代码	错误分析	改正语句

【例题 2.7】编写程序如下，掌握 C 语言基本的输入输出函数。

```
#include <stdio.h>
main()
{
    char a,b,c;
    a=66;b='O';c='Y';
    putchar(a);
    putchar(b);
    putchar(c);
    putchar('\n');
}
```

设计步骤：

（1）打开 VC，创建 liti2-7.c 文件。

（2）输入以上代码并编译执行。

（3）运行结果如图 2-8 所示。

图 2-8　输出字符的运行结果

（4）分析提高。请试着修改程序并考虑输出结果为何会是这样。

首先删除程序第 4 行 char a,b,c;，将程序第 5 行 a=66;b='O';c='Y';改为 int a=66,b=79,c=89;。查看运行结果，思考两段程序的异同。

第二次修改，保留程序第 4 行 char a,b,c;，将程序第 5 行改为

```
a=getchar();
b=getchar();
c=getchar();
```

运行时会输出什么？为什么？

（5）错误调试记录。

错误语句	错误代码	错误分析	改正语句

三、典型习题讲解

【习题 2.1】例如我国国民生产总值的年增长率为 9%，计算 10 年后我国国民生产总值与现在相比增长多少百分比。计算公式为

$$p=(1+r)^n$$

式中：r 为年增长率；n 为年数；p 为与现在相比的倍数。

问题分析：

参看参考文献[1]中的附录 D（库函数），使用 pow 函数求 y^x 的值，调用函数的具体形式是 pow(x,y)。

注意： 调用数学函数时需要在程序的开头用#include 指令将<math.h>头文件包含到本程序模块中。

设计步骤：

（1）创建 xiti2-1.c 文件并输入以下程序代码：

```
#include <stdio.h>
#include <math.h>
int main()
{
    float p,r,n;
    r=0.09;
    n=10;
    p=pow(1+r,n);
    printf("p=%f\n",p);
    return 0;
}
```

（2）运行结果如图 2-9 所示。

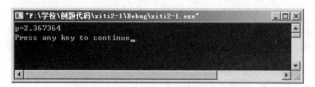

图 2-9　计算增长百分比的运行结果

请考虑如何使用百分比格式输出。

（3）错误调试记录。

错误语句	错误代码	错误分析	改正语句

【习题 2.2】用下面的 scanf 函数输入数据，使 a=3,b=7,x=8.5,y=71.82,c1='A',c2='a'，在键盘上该如何输入？

设计步骤：

（1）创建 xiti2-2.c 文件并输入以下程序代码：

```c
#include <stdio.h>
int main()
{
    int a,b;
    float x,y;
    char c1,c2;
    scanf("a=%d b=%d",&a,&b);
    scanf("%f %e",&x,&y);
    scanf("%c%c",&c1,&c2);
    printf("a=%d,b=%d,x=%f,y=%f,c1=%c,c2=%c\n",a,b,x,y,c1,c2);
    return 0;
}
```

（2）运行结果如图 2-10 所示，图中第 1、第 2 行为用户在键盘上输入的。第 3 行为程序输出结果。

图 2-10　scanf 函数的使用的运行结果

（3）分析与提高。请注意输入的格式问题。在输入 71.82 后，应该紧接着输入字符 A，中间不要有空格。因为 A 是字母，系统在遇到字母 A 时就确定输入给 y 的数值已经结束。字符 A 就送到下一个 scanf 语句中的字符变量 c1。如果在 71.82 后输入空格字符，该空格字符就被 c1 读入，c2 读入字符 A。所以输出时 c1 就输出空格，c2 输出 A。请考虑在输入 71.82 后按回车键，结果会怎么样。

在使用 scanf 函数输入数据时往往会出现一些意想不到的情况，例如在连续输入不同类型的数据情况下，需要特别注意。希望同学通过此例，可以了解怎样正确输入数据。

（4）错误调试记录。

错误语句	错误代码	错误分析	改正语句

【习题 2.3】设圆半径 r=1.5，圆柱高 h=3，求圆周长、圆面积、圆球表面积、圆球体积、圆柱体积。用 scanf 输入数据，输出计算结果，输出时要求文字说明，取小数点后两位数字。请编写程序。

设计步骤：

（1）创建 xiti2-3.c 文件并输入以下程序代码：

```c
#include <stdio.h>
int main ()
{
    float h,r,l,s,sq,vq,vz;
    float pi=3.141526;
    printf("请输入圆半径 r，圆柱高 h：");
    scanf("%f,%f",&r,&h);              //要求输入圆半径 r 和圆柱高 h
    l=2*pi*r;                         //计算圆周长 l
    s=r*r*pi;                        //计算圆面积 s
    sq=4*pi*r*r;                      //计算圆球表面积 sq
    vq=3.0/4.0*pi*r*r*r;              //计算圆球体积 vq
    vz=pi*r*r*h;                      //计算圆柱体积 vz
    printf("圆周长为：        l=%6.2f\n",l);
    printf("圆面积为：        s=%6.2f\n",s);
    printf("圆球表面积为：    sq=%6.2f\n",sq);
    printf("圆球体积为：      v=%6.2f\n",vq);
    printf("圆柱体积为：      vz=%6.2f\n",vz);
    return 0;
}
```

（2）按照输入格式要求输入数据。例如输入"3,5"，则运行结果如图 2-11 所示。

图 2-11　输入半径和高并计算输出的运行结果

（3）错误调试记录。

错误语句	错误代码	错误分析	改正语句

四、二级考试提高训练

【训练 2.1】编写程序如下，分析输出结果。

```c
#include <stdio.h>
main()
{
    int i,a,b;
    i=1;
    a=i++;
    printf("a=%d,i=%d\n",a,i);
    b=++i;
    printf("b=%d,i=%d\n",b,i);
    a=i--;
    printf("a=%d,i=%d\n",a,i);
    b=--i;
    printf("a=%d,i=%d\n",b,i);
}
```

设计步骤：

（1）打开 VC 并创建 xunlian2-1.c 文件。

（2）在代码框输入上面的代码。

（3）编译并执行，运行结果如图 2-12 所示。

图 2-12　运行结果

（4）分析提高。a=i++运算，先赋值再增加，所以 a 的值先赋值为 1，而 i 赋值后自身再增加为 2；b=++i，先增加再赋值，i 的值先自增为 3（之前的运算 i 的值已经是 2），再赋值给 b 的为 3。请同学自己分析 i--和--i 的结果。

【训练 2.2】分析下面程序，写出运行结果，再输入计算机运行，将得到的结果与你分析得到的结果进行比较对照。

```c
#include <stdio.h>
int main()
```

```
    {
        int i, j, m, n;
        i=6; j=8;
        m=++i; n=j++;
        printf("%d,%d,%d,%d\n",i,j,m,n);
        return 0;
    }
```

设计步骤：

（1）打开 VC 并创建 xunlian2-2.c 文件。

（2）在代码框输入上面的代码。

（3）编译并执行，运行结果如图 2-13 所示。

图 2-13　最初程序的运行结果

（4）分别作以下改动之后，再运行程序。

1）将第 6 行改为 m=i++; n= ++ j;后，运行结果如图 2-14 所示。

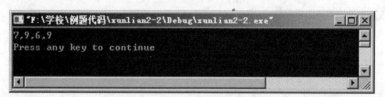

图 2-14　修改第 6 行后的运行结果

2）程序改为：

```
    #include <stdio.h>
    int main()
    {
        int i, j;
        i=6; j=8;
        printf("%d,%d\n", i++, j++);
        return 0;
    }
```

运行结果如图 2-15 所示。

图 2-15　第二次改动后的运行结果

3）在 2）的基础上，将 printf 语句改为：

 printf("%d,%d\n", ++ i, ++ j);

4）再次将 printf 语句改为：

 printf("%d,%d,%d,%d\n",i,j,i++,j++);

5）程序改为：

```
main()
{
    int i, j, m=0, n=0;
    i=6; j=8;
    m+= i ++; n -= --j;
    printf("i=%d,j=%d,m=%d,n=%d\n",i,j,m,n);
}
```

此程序主要考查自加、自减运算符以及复合运算符的用法。

五、习题与思考

1．编写程序，运行并查看输出结果。

（1）

```
#include <stdio.h>
int main()
{
    unsigned short a;
    int b;
    a=-1;
    b=2147483647;
    printf("%d\n",a);
    printf("%d\n",b+1);
    return 0;
}
```

（2）

```
#include <stdio.h>
int main()
{
    int x=10;
    int y=x++;
    printf("%d,%d",(x++,y),y++);
    return 0;
}
```

2．编写程序使其通过键盘输入三个整数后由小到大输出。

3．编写一个加、减、乘法运算的程序，当输入两个整数就能把各个加、减、乘式子输出。

实验3　选择结构程序设计（1）

一、实验目的

1. 掌握关系运算符<、<=、>、>=、==、!=的优先级和结合性以及关系表达式表示和值。
2. 掌握逻辑运算符&&、||、!和逻辑表达式。
3. 掌握 If 语句的常用格式和 If 语句的使用方法。能够灵活运用条件表达式设计程序。
4. 掌握简单的逻辑运算和简单的选择结构的算法。能够画出选择结构的流程图，学会调试程序。

二、实验内容及步骤

【例题 3.1】输入两个实数，按代数值由大到小输出这两个数。

问题分析：

输入两个数 a、b，判断如果 a<b，则交换两数，否则保持两数值不变，这样可以使得 a 始终大于 b 的值。按照先 a 后 b 的顺序输出即可。

程序流程图如图 3-1 所示。

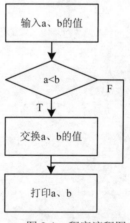

图 3-1　程序流程图

设计步骤：

（1）打开 VC，创建 liti3-1.c 文件。

（2）输入以下代码并编译执行。

```
#include <stdio.h>
int main()
{
    float a,b,t;
    scanf("%f,%f",&a,&b);
    if(a<b)
```

```
    { t=a;a=b;b=t; }
  printf("%5.2f,%5.2f\n",a,b);
  return 0;
}
```

（3）编译执行，输入"7,23"后结果如图 3-2 所示。

图 3-2 输入两数按由大到小的顺序输出

（4）分析提高。关于两数交换，C 语言中不能把两个变量 a，b 直接互换，需要借助中间变量 t。三个变量两两互换，形成最简单的循环，实现互换。互换时注意交换变量和语句顺序，避免形成同一变量的两次赋值，造成互换失败。

先将 a 的值赋给中间变量 t，此时 a 和 t 中存放的都是 a 变量的值。请注意赋值语句中等号左右两边变量是不对等的关系，"t=a;"语句是将 a 的值赋给 t。如果写成"a=t;"是将 t 的值赋给 a；而此时 t 中存放的初始值，则对交换没有实质帮助。

接下来用"a=b;"语句将 b 的值赋给 a，此时两个变量的值都为 b 变量的值；最后，把先前 t 中存放的 a 值赋给 b"b=t;"，这样就通过 t 把 a，b 变量的值互换。如果写成"t=b;"就会造成三个变量都是 b 初值的错误。请同学编写输出结果都为 a 或者同为 b 的程序测试验证。

如果改成三个数，按代数值由大到小输出，请同学们考虑如何编写程序。

问题分析：

我们可以先把 a、b 进行比较，通过变量 t 把大值赋给变量 a；然后再比较 a、c，同理把大值赋给变量 a，通过两次比较保证变量 a 中存放的是三者中的最大值。最后再比较 b、c，把二者中的较大者也就是三个变量中的次大者放入变量 b 中。输出 a、b、c 就是题目的要求了。

程序代码如下：

```
#include <stdio.h>
int main()
{
    float a,b,c,t;
    scanf("%f,%f,%f",&a,&b,&c);
    if(a<b)
    {t=a;a=b;b=t;}
    if(a<c)
    {t=a;a=c;c=t;}
    if(b<c)
    {t=b;b=c;c=t;}
    printf("%5.2f,%5.2f,%5.2f\n",a,b,c);
    return 0;
}
```

请同学们考虑三个以上的实数，如何按照从大到小输出。还是用 if 语句吗？还有没有更好的解决方式？

（5）错误调试记录。

错误语句	错误代码	错误分析	改正语句

【例题 3.2】输入某学生的成绩，经处理后给出学生的等级，等级分类如下：

90 分以上（包括 90）：　A

80 至 90 分（包括 80）：　B

70 至 80 分（包括 70）：　C

60 至 70 分（包括 60）：　D

60 分以下：　　　　　　　E

问题分析：

由题意可知，如果某学生成绩在 90 分以上，等级为 A；如果成绩大于等于 80 分小于 90 分，等级为 B；如果成绩大于等于 70 分小于 80 分，等级为 C；如果成绩大于等于 60 分小于 70 分，等级为 D；如果成绩小于 60 分，等级为 E。当我们输入成绩时也可能输错，出现小于 0 或大于 100 的数，输出出错信息，这时也要做处理。因此，用 if 嵌套结构，先判断输入的成绩是否在 0～100 之间。图 3-3 为此程序流程图。

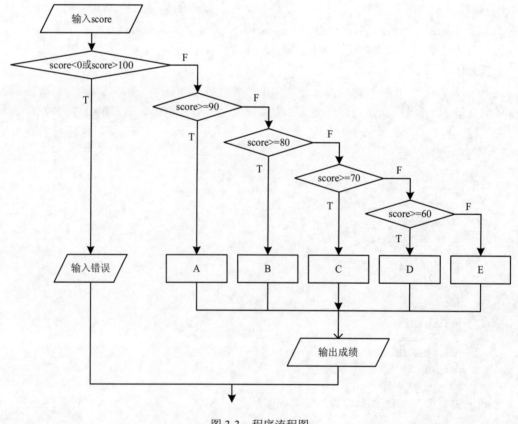

图 3-3　程序流程图

设计步骤：

（1）打开 VC，创建 liti3-2.c 文件。

（2）输入以下代码并编译执行。

```c
#include <stdio.h>
int main()
{
float score;
char grade;
printf("\nPlease input a student score:");
scanf("%f",&score);
if(score>100||score<0) printf("\ninput error!\n");
else
    {
    if(score>=90) grade='A';
    else if(score>=80) grade='B';
    else if(score>=70) grade='C';
    else if(score>=60) grade='D';
    else grade='E';
    printf("\nthe student grade:%c\n",grade);
    }
return 0;
}
```

（3）输入若干测试数据，调试程序。测试数据要覆盖所有路径，注意临界值，例如此题中得 100 分、60 分、0 分以及小于 0 和大于 100 的数据。

（4）输入 82，运行结果如图 3-4 所示。

图 3-4　运行结果

（5）错误调试记录。

错误语句	错误代码	错误分析	改正语句

三、典型习题讲解

【习题 3.1】已知三个数 a=3，b=4，c=5，写出下面各逻辑表达式的值。

（1）a+b>c&&b==c

（2）a||b+c&&b-c

（3）!(a>b)&&!c||1

（4）!(x=a)&&(y=b)&&0

（5）!(a+b)+c-1&&b+c/2

问题分析：

本题要考查的是逻辑运算符及其优先次序。在一个包含多种运算符的逻辑表达式中，其运算次序为：最高为逻辑运算符中的"!"运算，其次是算术运算符；然后是关系运算符；再是逻辑运算符中的"&&"和"||"运算，最后是赋值运算符。由此运算次序，以上各题目可根据运算优先次序分解为：

（1）a+b>c&&b==c：可以加上括号使运算顺序清晰，即((a+b)>c)&&(b==c)。先做算数 a+b 的值为 7，然后 7>c 为真，值是 1；b==c 为假，值是 0；最后做 1&&0，结果是 0。

（2）a||b+c&&b-c：等价于 a||(b+c)&&(b-c)。3||9&&(-1)，都是非 0，所以最后结果一定为真，答案是 1。

（3）!(a>b)&&!c||1：等价于!假&&假||1，因为最后是或运算且是和"1"的或运算，结果一定为真，答案是 1。

（4）!(x=a)&&(y=b)&&0：本题目最后是和"0"做的与运算，根据规则，其结果一定为假，答案是 0。

（5）!(a+b)+c-1&&b+c/2：先做"&&"与运算左边，!(7)+5-1=真；"&&"与运算右边 4+5/2 也为真，两个真值做与运算，其结果一定为真，答案是 1。

【习题 3.2】已知三个数 a、b、c，找出最大值放于 max 中。

问题分析：

需定义四个变量 a、b、c 和 max。a、b、c 保存输入的任意三个数，max 是用来存放结果最大值。第一次比较 a 和 b，把大数存入 max 中，因 a、b 都可能是大值，所以用 if 语句中 if…else…形式。第二次比较 max 和 c，把最大数存入 max 中，用 if 语句的第一种形式，即 if…形式。max 即为 a、b、c 中的最大值。

设计步骤：

（1）打开 VC，创建 xiti3-2.c 文件。

（2）输入以下代码并编译执行。

```
#include <stdio.h>
int main()
{
    int a,b,c,max;
    printf("please input a,b,c:\n");              //定义四个整型变量
    scanf("a=%d, b=%d, c=%d",&a,&b,&c);           //注意输入数据的格式
    if(a>=b) max=a;                               //若 a>=b，则 max=a
    else max=b;                                   //否则 max=b
    if (c>max) max=c;                             //c 是最大值
    printf("max=%d\n",max);
    return 0;
}
```

（3）若输入下列数据，分析程序的执行顺序并写出运行结果。

① a=1,b=3,c=5

②　a=3,b=1,c=5
③　a=5,b=3,c=1
④　a=5,b=1,c=3
⑤　a=5,b=5,c=3
⑥　a=3,b=1,c=3

（4）运行结果如图 3-5 所示。

图 3-5　输入 a=3,b=5,c=5 后的结果

【习题 3.3】有一个函数：

$$y = \begin{cases} x & x < 1 \\ 2x - 1 & 1 \leqslant x < 5 \\ 3x - 7 & x \geqslant 5 \end{cases}$$

用 scanf 函数输入 x 的值（分别为 x<1，1≤x<5，x≥5 三种情况），求 y 的值。

问题分析：

y 是一个分段函数表达式。要根据 x 的不同区间来计算 y 的值，所以应使用 if 语句。

设计步骤：

（1）打开 VC，创建 xiti3-3.c 文件。

（2）输入以下代码并编译执行。

```c
#include <stdio.h>
int main()
{
    int x,y;
    printf("please input x:");
    scanf("%d",&x);
    if(x<1) y=x;
    else if (x<5) y=2*x-1;
    else y=3*x-7;
    printf("y=%d\n",y);
    return 0;
}
```

（3）运行结果如图 3-6 所示。

图 3-6　运行结果

四、二级考试提高训练

【训练 3.1】 写出下列程序的执行结果。

```c
#include <stdio.h>
int main()
{   int x,y=1,z;
    if((z=y)<0) x=5;
    else x=6;
    printf("%d\t%d\n",x,z);
    x=4;
    if(z=(y==0)) x=5;
       printf("%d\t%d\n",x,z);
    if(x=y=z) x=4;
       printf("%d\t%d\n",x,z);
    return 0;
}
```

问题分析：

执行 "If((z=y)<0)x=5;else x=6;" 语句时，先执行赋值表达式 "z=y;"，则 z=1，再判断 z<0 是否成立，因 z=1，条件不成立则执行 else 子句 x=6；输出 x、z 为 6 和 1。因 x=4，执行 "if(z=(y==0)) x=5;" 语句时先将关系表达 y==0 赋给 z，因 y=1，则 z 值为 0，不执行 "x=5;" 语句，输出 x、z 为 4 和 0。最后执行 "if(x=y=z)x=4;" 语句，赋值表达式将 z 的值赋给 y，再将 y 值赋给 x，因 z=0，则 x 的值为 0，输出 x、z 为 0 和 0。

设计步骤：

（1）打开 VC，创建 xunlian3-1.c 文件。

（2）输入上面的代码并编译执行。

（3）运行结果如图 3-7 所示。

图 3-7 运行结果

【训练 3.2】 输入三角形的三边长，判断这个三角形是否是直角三角形。

问题分析：

直角三角形斜边最长，要先找出三边中最长的边，判断最长边的平方是否等于其余两边的平方和，若相等就是直角三角形。

设计步骤：

（1）打开 VC，创建 xunlian3-2.c 文件。

（2）输入代码并编译执行。

```c
#include <stdio.h>
int main( )
```

```
    {
        int a,b,c,t;              //三边设为 a、b、c，t 是用于交换的中间变量
        scanf("%d,%d,%d",&a,&b,&c);
        if(a<b)
        {
            t=a; a=b; b=t; //a 中放 a、b 中较长边
        }
        if(a<c)
        {
            t=a; a=c; c=t;        /a 中放 a、b、c 中的最长边
        }
        if(a*a==b*b+c*c)
        printf("是直角三角形\n");
        else
        printf("不是直角三角形\n");
        return 0;
    }
```

（3）从键盘输入 3,4,5↙，结果如图 3-8 所示。

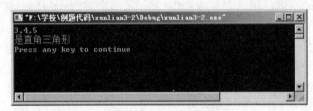

图 3-8　输入 3,4,5 的运行结果

（4）从键盘输入 3,4,6↙，运行结果如何？为何会出现这种情况？

五、习题与思考

1. 编写程序，输出结果。

```
#include <stdio.h>
main()
{
    int m=7,n=5,i=1;
    do
    {
        if(i%m==0)
        if(i%n==0)
        {   printf("%d\n",i);break; }
            i++;
    } while(i!=0);
}
```

本题实际上是求 m、n 的最小公倍数。

2．求 m、n 的最大公约数。

3．已知某日为星期几，编程求与之相隔 n 天的那一天为星期几。注意，n 允许为负值，用赋值语句来做。

实验 4　选择结构程序设计（2）

一、实验目的

1．进一步熟悉用 VC6.0 调试 C 语言源程序的过程，熟悉使用断点调试程序。

2．熟练掌握条件运算符，并能够灵活运用条件表达式，结合程序掌握简单的逻辑运算和简单的选择结构的算法。

3．熟练掌握 switch 语句的使用方法。

4．熟练掌握 switch 语句中 break、continue 语句的作用与区别。

5．使用 if 语句和 switch 语句进行选择结构程序综合编写。

二、实验内容及步骤

【例题 4.1】调试示例，输入参数 a,b,c，求一元二次方程 $ax^2+bx+c=0$ 的根。

设计步骤：

（1）创建 liti4-1.c 程序并输入以下代码（此部分代码为带错误的代码，通过调试将其改为正确的代码）。

```
#include<stdio.h>
#include<math.h>
main()
{
  double a,b,c,m;
  printf("输入一元二次方程  a=,b=,c=\n");
  scanf("a=%lf,b=%lf,c=%lf",&a,&b,&c);
  m=b*b-4*a*c;
  if(a==0)
  {
    if(b=0)
    {  if(c==0)
          printf( "0 等于 0 参数对方程无意义！\n");
       else
          printf( "%f 等于 0，方程不成立\n",c);
    }
    else
          printf("x=%0.2f\n",-c/b);
  }
  else
    if(m>=0)
    {
          printf("x1=%0.2f\n",(-b+sqrt(m))/(2*a));
          printf("x2=%0.2f\n",(-b-sqrt(m))/(2*a));
```

```
    }
    else
    {   printf("x1=%0.2f+%0.2fi\n",-b/(2*a),sqrt(-m)/(2*a));
        printf("x2=%0.2f-%0.2fi\n",-b/(2*a),sqrt(-m)/(2*a));
    }
}
```

（2）对以上程序进行编译、连接、调试和运行。

1）执行"编译"→"构件"命令，对以上程序进行编译、连接，没有出现错误信息。

2）调试开始，如图 4-1 所示，在程序中分别设置三个断点（断点的作用，程序执行到断点处暂停，使用户可以观察当前的变量或其他表达式的值，然后继续运行），先把光标定位到要设置断点的位置，然后单击编译工具条上的 [🖑] Insert/Remove Breakpoint 或按 F9 键，或右击选择 [🖑] Insert/Remove Breakpoint，断点就设置好了，如果要取消断点，只要把光标放到要取消的断点处，单击 [🖑] 或者按 F9 键，这个断点就取消了。

图 4-1　断点的设置

3）单击编译工具条 [📋]（或按 F5 键），程序运行，等待输入一元二次方程 a、b、c 的值，如图 4-2 所示，输入 a=2.1，b=8.9，c=3.5。

图 4-2　输入 a、b、c 的值

4）程序运行到第一个断点，在 Watch 窗口输入变量名 a,b,c，观察执行到第一个断点时变量 a,b,c 的值是否和输入一致。如图 4-3 所示。

注意：变量可以在 Watch1、Watch2、Wathc3、Watch4 任何一个窗口输入，输入的可以是变量，也可以是表达式。

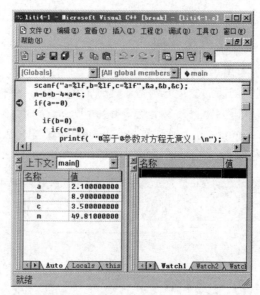

图 4-3　利用断点查看变量当前值

5）假设我们在输入的时候，输错了变量 a 的值，则可以在 Watch 窗口重新赋值，改变原来的值，如在 Watch 窗口中输入表达式 a=0，则 a 的值就改变为 0 了。

单步执行，单击 ⬇️，箭头指向下一行，说明程序执行到这一行，再观察变量 a,b,c 的值，发现变量 b 的值已经改变，原来输入的是 8.9，现在已改变为 0，说明在程序的执行过程中肯定有一个地方改变了 b 的值，通过仔细观察、分析，发现 if 语句中误把相等 "==" 写成了赋值 "="，所以 "b=0" 了，单击 Stop Debugging，或按 Shift+F5 键停止调试，把源程序中的 "=" 改为 "==" 后，重新编译、连接，没有出现错误信息。

6）单击 🔄，重新开始调试，执行 3）和 4），此时，观察 b 的值没有改变，单击 🔄，结束本次调试。

7）单击 🔄，重新开始调试，观察结果的正确性。

【例题 4.2】计算器程序。用户输入运算数和四则运算符，输出计算结果。

问题分析：

本例可用于四则运算求值。switch 语句用于判断运算符，然后输出运算值。当输入的运算符不是+、-、*、/时给出错误提示。

设计步骤：

（1）打开 VC，创建 liti4-2.c 文件。

（2）输入以下代码并编译执行。

```c
#include <stdio.h>
int main()
{
```

```
        float a,b;
        char c;
        printf("input expression: a+(-,*,/)b \n");
        scanf("%f%c%f",&a,&c,&b);
        switch(c){
            case '+': printf("%f\n",a+b);break;
            case '-': printf("%f\n",a-b);break;
            case '*': printf("%f\n",a*b);break;
            case '/': printf("%f\n",a/b);break;
            default: printf("input error\n");
        }
        return 0;
    }
```

（3）执行程序并输入 3*7，运行结果如图 4-4 所示。

图 4-4　运行结果

（4）错误调试记录。

错误语句	错误代码	错误分析	改正语句

【例题 4.3】分析下列程序的运行结果。

```
#include <stdio.h>
int main()
{
 int x=1,y=0,a=0,b=0;
  switch(x)
  { case 1:
    switch(y)
      {case 0:a++;break;
       case 1:b++;break;
      }
    case 2: a++;b++;break;
    case 3: a++;b++;
  }
  printf("\na=%d,b=%d\n",a,b);
 return 0;
}
```

问题解析：

由于 x=1，在 switch(x)语句中执行 case1，即执行 switch(y)语句，而 y=0，则执行 case0，即执行"a++,break;"得到 a=1，终止执行 switch(y)，继续执行 switch(x)中的 case2，得到 a=2,b=1，然后执行 break 语句，终止执行 switch(x)，所以程序运行输出 a=2,b=1。

设计步骤：

（1）打开 VC，创建 liti4-3.c 文件。

（2）输入上面的代码并编译执行。

（3）运行结果如图 4-5 所示。

图 4-5 运行结果

（4）错误调试记录。

错误语句	错误代码	错误分析	改正语句

三、典型习题讲解

【习题 4.1】输入某学生的成绩，经处理后给出学生的等级，等级分类如下：

90 分以上 （包括 90）：A

80 至 90 分（包括 80）：B

70 至 80 分（包括 70）：C

60 至 70 分（包括 60）：D

60 分以下： E

问题分析：

例题 3.2 使用了 if 语句编写，但处理过程中使用了太多的 if 嵌套，嵌套的 if 语句层数多了，就会降低程序的可读性。C 语言中 switch 语句是用于处理多分支的语句。注意，case 后的表达式必须是一个常量表达式，所以在用 switch 语句之前，必须把 0～100 之间的成绩分别化成相关的常量。所有 A（除 100 以外），B，C，D 类的成绩的共同特点是十位数相同，此外都是 E 类。则由此可以把 score 除 10 取整，化为相应的常数。

设计步骤：

（1）打开 VC，创建 xiti4-1.c 文件。

（2）输入以下代码并编译执行。

```
#include <stdio.h>
int main()
```

```
    {
    int g,s;
    char ch;
    printf("\ninput a student grade:");
    scanf("%d",&g);
    s=g/10;
    if(s<0||s>10)
      printf("\ninput error!\n");
    else
        {
        switch (s){
            case 10:
            case 9:   ch='A';   break;
            case 8:   ch='B';   break;
            case 7:   ch='C';   break;
            case 6:   ch='D';   break;
            default: ch='E';
            }
        printf("\nthe student scort:%c\n",ch);
        }
    return 0;
    }
```

（3）思考一下，使用 switch 语句虽然可以方便实现多分支语句选择，但本程序还有不严谨处，请同学们考虑问题出在哪儿，如何改进。

【习题 4.2】输入 4 个整数，按由小到大的顺序输出。

问题分析：

之前通过学习，同学们已经掌握 2 个和 3 个整数排序的方法。本题采用依次比较的方法进行排序。随着对 C 语言学习的深入，学习了循环和数组以后，同学们可以掌握更多的学习方法。

设计步骤：

（1）打开 VC，创建 xiti4-2.c 文件。

（2）输入以下代码并编译执行。

```
#include <stdio.h>
main()
{   int t,a,b,c,d;
    printf("请输入四个数：");
    scanf("%d,%d,%d,%d",&a,&b,&c,&d);
    printf("a=%d,b=%d,c=%d,d=%d\n",a,b,c,d);
    if (a>b)
        { t=a;a=b;b=t;}
    if (a>c)
        { t=a;a=c;c=t;}
    if (a>d)
        { t=a;a=d;d=t;}
```

```
    if (b>c)
        { t=b;b=c;c=t;}
    if (b>d)
        { t=b;b=d;d=t;}
    if (c>d)
        { t=c;c=d;d=t;}
    printf("排序结果如下：\n");
    printf("%d   %d   %d   %d   \n",a,b,c,d);
}
```

（3）输入四个数"12,3,56,23"，排序结果如图 4-6 所示。

图 4-6　排序结果

四、二级考试提高训练

【训练 4.1】写出下列程序的执行结果。

```
#include <stdio.h>
main()
{
int x,y=1,z;
    if((z=y)<0) x=5;
    else x=6;
        printf("%d\t%d\n",x,z);
    x=4;
    if(z=(y==0)) x=5;
        printf("%d\t%d\n",x,z);
    if(x=y=z) x=4;
        printf("%d\t%d\n",x,z);
}
```

问题分析：

执行"If((z=y)<0)x=5;else x=6;"语句时先执行赋值表达式 z=y，则 z=1，再判断 z<0 是否成立，因 z=1，条件不成立则执行 else 子句 x=6；输出 x、z 为 6 和 1。因 x=4，执行"if(z=(y==0))x=5;"语句时先将关系表达式 y==0 赋给 z，因 y=1，则 z 值为 0，语句 x=5;不执行，输出 x、z 为 4 和 0。最后执行"if(x=y=z)x=4;"语句，赋值表达式将 z 的值赋给 y，再将 y 值赋给 x，因 z=0，则 x 的值为 0，输出 x、z 为 0 和 0。

设计步骤：

（1）打开 VC，创建 xunlian4-1.c 文件。

（2）输入上面的程序代码并编译执行。

（3）得到运行结果，如图 4-7 所示。

图 4-7　运行结果

【训练 4.2】已知某日为星期几，编程求与之相隔 n 天的那一天为星期几。注意，n 允许为负值，用赋值语句来做。

问题分析：

设 0 表示星期天，1～6 表示星期一到星期六。如果 s0=0 且 n>0，则 n%7 的余数就是所求的结果，但 s0 不一定是 0，可以考虑已知某天为星期天，求与之相隔 s0+n 的那天是星期几，则只要求(s0+n)%7 的余数就可以了。但因为 n 可以是负数，则 s0+n 可能是负数，对于表达式 a%b，若 a 为负数则结果为负数，所以若 s0+n 为负数，则(s0+n)%7 为负数，如果 0 为星期天，则-1 为星期六，-2 就是星期五，……，-6 就是星期一，故将其负值加 7 即为所求的结果。

设计步骤：

（1）打开 VC，创建 xunlian4-2.c 文件。

（2）输入以下代码并编译执行。

```c
#include <stdio.h>
int main()
{
    int s0,s,n;
    printf("input s0,n=");
    scanf("%d,%d",&s0,&n);
    s=(s0+n)%7;s=s<0?s+7:s;
    printf("s=%d\n",s);
    return 0;
}
```

（3）假设当前为星期五，求 26 天后是星期几。输入"5,26"后运行结果如图 4-8 所示。

图 4-8　计算星期几的运行结果

【训练 4.3】 编程求某年第 n 天的日期。

问题分析：

本题的编程思想是在 n 足够大（大于 31）时用 n 减去 1 月的月天数，如果其差又大于 2 月的月天数，则再减去 2 月的月天数，如此循环下去，直到循环结束求得所求日期。月天数可以用数组表示，也可以直接计算，因此程序有两种编写方法。因还未学习到数组，这里只介绍后一种方法。

设计步骤：

（1）打开 VC，创建 xunlian4-3.c 文件。

（2）输入以下代码并编译执行。

```c
#include <stdio.h>
#include <stdlib.h>
void main()
{
    int y,m,f,n,t;
    printf("y,n=");
    scanf("%d,%d",&y,&n);
    f=y%4==0&&y%100!=0||y%400==0;
    if(n<1 || n> 365+f)
    {
        printf("error!");
        exit(0);
    }
    for(m=1;m<12;m++)
    {
        t=31-((m==4)+(m==6)+(m==9)+(m==11)+(3-f)*(m==2));
        if(n<=t) break;
        n-=t;
    }
    printf("y=%d,m=%d,d=%d\n",y,m,n);

}
```

（3）运行结果如图 4-9 所示，输入"2013,90"求得 2013 年第 90 天是 2013 年 3 月 31 日。

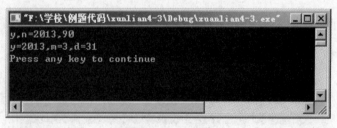

图 4-9　运行结果

五、习题与思考

1. 编写程序，输出结果。

```
#include <stdio.h>
main()
{   int a=0,b=1;
    if(a<b?a++:++b)
    printf("x=%d\n",a<b?b:a);
    else
    printf("y=%d\n",a<b?b:a);
}
```

2. 输入一个整数，将其按<10、10～99、100～999、≥1000 分类。例如输入 355 时，输出 355 is 100 to 999。

解析：本题重在考查读者是否了解 break 与 continue 的区别。大家可以考虑用 if 语句来做。

实验 5　循环结构程序设计（1）

一、实验目的

1. 熟练掌握用 while 语句、do…while 语句和 for 语句实现单循环的语句。
2. 掌握 while、do…while，for 循环的语法结构与应用。
3. 掌握 while、do…while 循环的区别。
4. 掌握在程序设计中用循环的方法实现一些常用的算法。
5. 进一步学习调用程序。

二、实验内容及步骤

【例题 5.1】求 s=1+3+5+…+99。

问题分析：

这是一个累加求和的问题，被加的数有规律的递增，即增 2；累加和 s="之前的累加和" + "当前的被加数"，即 s=s+i。

	被加数 i	累加和 s
初始	i=1	s=1
计算	i=i+2 =1+2=3	s=s+i =1+3=4
	i=i+2 =3+2=5	s=s+i =4+5=9
	i=i+2 =5+2=7	s=s+i =9+7=16
	⋮	⋮
	i=i+2 =97+2=99	s=s+i =s+99

i=99 结束。

i 增量（循环变量）

　　　　i=i+2;s=s+i;

重复出现，可采用循环实现。

设计步骤：

（1）打开 VC，创建 liti5-1.c 文件。
（2）输入以下代码并编译执行。

```
#include<stdio.h>
int main( )
{   int i,s;
    i=1;
    s=1;            //以上两命令行是为 i 和 s 赋初值
    while(i<99)     //i<=99 是错误的，为什么？
    {
        i=i+2;      //此处一定要注意 i 的增量
```

```
            s=s+i;
        }
    printf("1+3+5+…+99=%d\n", s);
    return 0;    //此语句可删除，如删除此语句，函数头 int main()应改成 void main();

    }
```

调试后运行结果如图 5-1 所示。

图 5-1　运行结果

（3）易错分析。在本章的编程中，除了遇到之前常见的类似缺少分号等的语法错误，在逻辑上也会遇到很多不容易发现的错误，这些错误可能在编译的过程中不会提示错误，但是运行之后却得不到正确的结果。在本章之后对这些错误大家应该更加注重。例如以下程序：

```
    #include<stdio.h>
    int main( )
    {   int i,s;
            //i=1; s=1;是为 i 和 s 赋初值，同学容易将其忘掉，那么运行结果就大相径庭
        while(i<99)
        {
            i=i+2;
            s=s+i;
        }
            printf("1+3+5+…+99=%d\n", s);
            return 0;
    }
```

在漏掉"i=1;s=1;"这两条语句后，程序运行结果如图 5-2 所示。

图 5-2　缺少赋值语句的运行结果

如果 while(i<99)变成 while(i<=99)，其运行结果如图 5-3 所示，请分析原因并写入错误调试记录中。

图 5-3　错误 2 的运行结果

（4）错误调试记录。

错误语句	错误代码	错误分析	改正语句

【例题 5.2】用 do…while 结构实现 s=1+3+5+…+99。

问题分析：

我们再换一个思路，请观察：

item　　　1　　3　　5　　7　　9　　11 …99

i　　　　1　　2　　3　　4　　5　　6 …

我们发现 item 和 i 有这样的关系：item=i*2-1。我们可以在循环中将每次求得的 item 相加，即 sum=sum+item，直到 item 大于 99。

设计步骤：

（1）打开 VC，创建 liti5-2.c 文件。

（2）输入以下代码并编译执行。

```c
# include<stdio.h>
int main()
{
    long sum;
    int i,item;
    sum=0;                  //sum 存放和的值，所以初值设为 0
    i=1;
    item=2*i-1;
    do
    {
        sum=sum+item;
        i++;
        item=2*i-1;
    }while(item<100);       //循环结束后，请考虑 item 的值是多少
    printf("1+3+5+...99=%ld\n",sum);
    return 0;
}
```

（3）运行结果如图 5-4 所示。

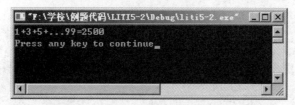

图 5-4　运行结果

（4）错误调试记录。

错误语句	错误代码	错误分析	改正语句

【例题 5.3】输入一行字符，分别统计出其中的英文字母、空格、数字和其他字符的数。

问题分析：

该题的重点是要把一行字符读入。怎么读？读入多少才结束？怎么判断读入字符的类型？怎么计数？依次解决这四个问题，就是该例题的算法。

定义变量 c 存放读入的字符，定义 letters、space、digit、other 四个变量来存放英文字母、空格、数字和其他字符的个数。

读入的字符放入 c，即 "c=getchar();"。

当读入的字符不是回车就继续读，是回车就结束读取。这是一个循环过程。用 "while((c=getchar( ))!='\n');" 语句来完成判断。

判断 c 中存放的字符的类型，并计数。这个过程要在循环体中完成。

设计步骤：

（1）打开 VC，创建 liti5-3.c 文件。

（2）输入以下代码并编译执行。

```
#include <stdio.h>
void main()
{
char c;
int letters=0,space=0,digit=0,other=0;      //定义 letters、space、digit、other 四个变量来存放
                                            //英文字母、空格、数字和其他字符的个数
printf("请输入一行字符: ");
while((c=getchar( ))!='\n')                 //当 getchar()函数读取的字符不是回车符时，循环就继续
{
if (c>='a'&&c<='z'|| c>='A'&&c<='Z')   letters++;   //判断 c 中存放的字符的类型，并计数
else if (c==' ')   space++;                          //判断 c 中存放的字符的类型，并计数
else if(c>='0'&&c<='9')   digit++;                   //判断 c 中存放的字符的类型，并计数
else   other++;
}
printf("letters =%d ,space=%d, digit =%d, other =%d\n",letters,space,digit,other);
}
```

（3）运行结果如图 5-5 所示。

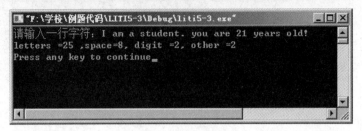

图 5-5　运行结果

（4）错误调试记录。

错误语句	错误代码	错误分析	改正语句

【例题 5.4】水仙花数（输出所有的水仙花数）。

问题分析：

因为水仙花数限于三位数，也就是需要从 100 到 999，依次判断这些数是否为水仙花数，如果是，就将这个数输出，如果不是，就不输出。问题的关键是分别求出所给的这个三位数的个位、十位和百位。用 num 表示 100 到 999 的三位数，用整形变量 bai 表示百位数，用整形变量 shi 表示十位数，用整形变量 ge 表示个位数。我们可以得出 bai=num/100，shi=num/10%10，ge=num%10。请利用前面的知识分析为什么。

我们利用 for 循环提供数字从 100 到 101、102、103、…、999。循环结构体中对三位数求它的个位、十位和百位，然后判断。

在这个程序中，重复执行的部分程序段是：

```
bai=num/100;
shi=num/10%10;
ge=num%10;
if(num==bai*bai*bai+shi*shi*shi+ge*ge*ge) printf("%d",num);
```

这一段称为循环体，就是程序每次重复执行的部分。

num 的初始值为 100，然后依次变化到 101、102、103、…、999，num 既是被判断的对象，同时 num 的另外一个作用是控制循环执行的次数，所以 num 可以被称为循环控制变量。num<=999 是循环执行的条件。

设计步骤：

（1）打开 VC，创建 liti5-4.c 文件。

（2）输入以下代码并编译执行。

```
#include <stdio.h>
int main()
{   int num, bai, shi ,ge;
    for(num=100; num<=999; num++)
    {   bai=num/100;
        shi=num/10%10;        //shi=(num-bai*100)/10 也是可以的
```

四、二级考试提高训练

【训练 6.1】以下程序的功能是输出如下形式的方阵：

```
13    14    15    16
 9    10    11    12
 5     6     7     8
 1     2     3     4
```

请填空。

```
main()
{   int i,j,x;
    for(j=4; j 【1】 ; j--)
    {   for(i=1; i<=4; i++)
        {   x=(j-1)*4 + 【2】 ;
            printf("%4d",x);
        }
        printf("\n");
    }
}
```

问题分析：

这是一个四行四列的矩阵，根据经验，要用双层循环来决问题；外层循环一般决定行，内层决定列，即每行中具体的数。本题外层循环 j=4，而且 j--，这就确定了 j>=1，只有这样外层循环才能提供 4 次循环。再看内层循环 x=(j-1)*4，当外层 j 分别为 4、3、2、1 时，x 分别是 12、8、4、0，由此看出 x 在内层循环中加上 i 即可。因此：【1】应填 j>=1，【2】应填 i。

设计步骤：

（1）打开 VC，创建 xunlian6-1.c 文件。

（2）输入以下代码并编译执行。

```
#include<stdio.h>
int main()
{   int i,j,x;
    for(j=4; j>=1;j--)
    {   for(i=1; i<=4; i++)
        {   x=(j-1)*4+i;
            printf("%4d",x);
        }
        printf("\n");
    }
    return 0;
}
```

（3）运行结果如图 6-10 所示。

【训练 6.2】从 3 个红球、5 个白球、6 个黑球中任意取出 8 个作为一组并输出。在每组中，可以没有黑球，但必须要有红球和白球。输出组合数。

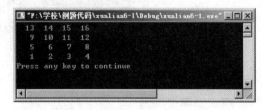

图 6-10　运行结果

问题分析：

我们用 i 的值代表红球数，j 的值代表白球数，k 的值代表黑球数。题目中要求必须要有红球和白球，则 i>=1&&i<=3，j>=1&&<=5；可以没有黑球，则 k>=0&&k<=6；8 个作为一组即 k+i+j=8。

设计步骤：

（1）打开 VC，创建 xunlian6-2.c 文件。

（2）输入以下代码并编译执行。

```c
#include <stdio.h>
int main()
{   int i,j,k,sum=0;
    printf("\nThe result :\n\n");
    for(i=1; i<=3; i++)
    {   for(j=1; j<=5; j++)
        for(k=0; k<=6; k++)
        {   if( k+i+j==8)
            {   sum=sum+1;
                printf("red:%4d white:%4d black:%4d\n",i,j,k);
            }
        }
    }
    printf("sum=%4d\n",sum);
    return 0;
}
```

（3）运行结果如图 6-11 所示。

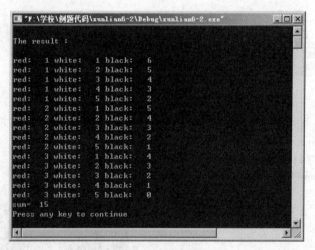

图 6-11　运行结果

五、习题与思考

1．给定 1、2、3、4 四个数，这四个数能组成多少个互不相同且无重复的三位数？

2．求 s=1-3+5-7+9+…-99+101。

实验 7　顺序、分支、循环综合应用

一、实验目的

1．熟练掌握和使用顺序、分支、循环结构。
2．能够综合应用顺序、分支、循环结构来实际解决一些问题。
3．同一问题尽量找出多种算法。

二、实验内容及步骤

【例题 7.1】求 1 到 100 之间的奇数之和与偶数之和。

问题分析：

该题的重点是利用循环找出 1 到 100 之间的偶数和奇数，方法有很多。

我们将一个 1 到 100 之间的数设为 i，如果 i%2==1，说明 i 是奇数，否则是偶数。然后，将得到的奇数和偶数分别累加。

设计步骤：

（1）打开 VC，创建 liti7-1.c 文件。

（2）输入以下代码并编译执行。

```
#include<stdio.h>
int main()
{   int s1,s2,i;
    s1=0;
    s2=0;
    for(i=1;i<=100;i++)
    {   if(i%2==1)
        s1=s1+i;        //奇数之和
        else
        s2=s2+i;        //偶数之和
    }
    printf("s1=%d,s2=%d\n",s1,s2);
    return 0;
}
```

（3）运行结果如图 7-1 所示。

图 7-1　运行结果

（4）分析提高。我们也可以使用两次循环，一个循环中从 i=1 开始，每次循环加 2 可保证都是奇数；另一个循环中从 i=2 开始，每次循环加 2 可保证都是偶数。程序代码如下：

```
#include<stdio.h>
int main()
{   int s1,s2,i;
    s1=0;
    s2=0;
    for(i=1;i<=99;i=i+2)
    s1=s1+i;            //奇数之和
    for(i=2;i<=100;i=i+2)
    s2=s2+i;            //偶数之和
    printf("s1=%d,s2=%d\n",s1,s2);
    return 0;
}
```

（5）第三种解法。我们可以使用一次循环，从 i=1 开始，循环中可进行两次加 1，第一次加 1 可保证是偶数；第二次在偶数上加 1 使其变成奇数，程序代码如下：

```
#include<stdio.h>
int main()
{   int s1,s2,i;
    s1=0;
    s2=0;
    i=1;
    while(i<=99)
    {   s1=s1+ i;        //奇数之和
        i++;
        s2=s2+ i;        //偶数之和
        i++;
    }
    printf("s1=%d,s2=%d\n",s1,s2);
    return 0;
}
```

（6）错误调试记录。

错误语句	错误代码	错误分析	改正语句

【例题 7.2】求 1+ 1/3+ 1/5+…之和，直到某一项的值小于 10^{-6} 时停止累加。

问题分析：

本题的重点是在设置一个循环的结束条件，如果设某一项的值为 1/n，那么结束的条件是：(1.0/n>=1e-6)。

设计步骤：

（1）打开 VC，创建 liti7-2.c 文件。

（2）输入以下代码并编译执行。

```
#include<stdio.h>
int main()
{   long n;                //不能写作 int n
    float s;
    s=0;
    n=1;
    while(1.0/n>=1e-6)
    {   s=s+1.0/n;         //不能写作 1/n
        n=n+2;
    }
    printf("s=%f\n",s);
    printf("n=%d\n",n-2);
    return 0;
}
```

（3）运行结果如图 7-2 所示。

图 7-2　运行结果

（4）易错分析。本题容易出错的地方主要涉及变量的表示范围。

如　　　　　　　long n;

不能写作　　　　int n;

因为我们不清楚 n 到底是多大的数，它有可能超出 int 的范围。

语句　　　　　　s=s+1.0/n;

不能写作　　　　s=s+1/n;

因为 1/n 得到的是 0，不能得到小数。具体原因请参阅运算符"/"的用法说明。

（5）错误调试记录。

错误语句	错误代码	错误分析	改正语句

【例题 7.3】从键盘输入一行字符，若为小写字母，则转化为大写字母；若为大写字母，则转化为小写字母；否则转化为 ASCII 码表中的下一个字符。

问题分析：

该问题重点为：①怎样读入一个字符，读入操作什么时候结束；②怎样判断读入的一个字符的大小写和转换。

对第一个问题可用语句：

```
ch=getchar();
while(ch!='\n');
```

对第二个问题可用语句：

```
if(ch>='a'&&ch<='z')
    ch=ch-32;
else if(ch>='A'&&ch<='Z')
    ch=ch+32;
else
    ch=ch+1;
```

设计步骤：

（1）打开 VC，创建 liti7-3.c 文件。

（2）输入以下代码并编译执行。

```
#include<stdio.h>
int main()
{   char ch;
    ch=getchar();
    while(ch!='\n')
    {   if(ch>='a'&&ch<='z')
        ch=ch-32;
        else if(ch>='A'&&ch<='Z')      //此处 else 不能省略
        ch=ch+32;
        else
        ch=ch+1;
        putchar(ch);
        ch=getchar();
    }
    printf("\n");
    return 0;
}
```

（3）运行结果如图 7-3 所示。

图 7-3   运行结果

（4）错误调试记录。

错误语句	错误代码	错误分析	改正语句

【例题 7.4】"百鸡问题"：鸡翁一值钱五，鸡母一值钱三，鸡雏三值钱一。百钱买百鸡，问鸡翁、鸡母、鸡雏各几何？

问题分析：

这是一个古典数学问题，就是公鸡一只五块钱，母鸡一只三块钱，小鸡三只一块钱，一百块钱买一百只鸡应该怎么买？也就是问一百只鸡中公鸡、母鸡、小鸡各多少。

设一百只鸡中公鸡、母鸡、小鸡的数量分别为 x、y、z，题意给定共 100 钱要买百鸡，若全买公鸡最多买 20 只，显然 x 的值在 0～20 之间；同理，y 的取值范围在 0～33 之间，可得到不定方程 5x+3y+z/3=100 和 x+y+z=100，所以此问题可化为三元一次方程组。由程序设计实现不定方程的求解与手工计算不同。在分析确定方程中未知数变化范围的前提下，可通过对未知数可变范围的穷举，验证方程在什么情况下成立，从而得到相应的解。

这里 x、y、z 为正整数，且 z 是 3 的倍数；由于鸡和钱的总数都是 100，可以确定 x、y、z 的取值范围：

1）x 的取值范围为 1～20；

2）y 的取值范围为 1～33；

3）z 的取值范围为 3～99，步长为 3。

对于这个问题我们可以用穷举的方法，遍历 x、y、z 的所有可能组合，最后得到问题的解。

初始算法：

1）初始化为 1；

2）计算 x 循环，找到公鸡的只数；

3）计算 y 循环，找到母鸡的只数；

4）计算 z 循环，找到小鸡的只数；

5）结束，程序输出结果后退出。

算法细化：

算法的步骤 1 实际上是分散在程序之中的，由于用的是 for 循环，初始条件很方便地放到了表达式之中。

步骤 2 和步骤 3 是按照步长 1 去寻找公鸡和母鸡的个数。

步骤 4 的细化：

1）z＝1。

2）是否满足百钱，百鸡。

● 满足，输出最终百钱买到的百鸡的结果；

● 不满足，不做处理。

3）变量增加，这里注意步长为 3。

设计步骤：

（1）打开 VC，创建 liti7-4.c 文件。

（2）输入以下代码并编译执行。

```
#include <stdio.h>
int main()
{
int x,y,z;
for(x=1;x<=20;x++)
{
    for(y=1;y<=33;y++)
```

```
{
    for(z=3;z<=99;z+=3)
    {
        if((5*x+3*y+z/3==100)&&(x+y+z==100))        //是否满足百钱和百鸡的条件
            printf("cock=%d,hen=%d,chicken=%d\n",x,y,z);
    }
}
}
return 0;
}
```

（3）运行结果如图 7-4 所示。

图 7-4　运行结果

（4）错误调试记录。

错误语句	错误代码	错误分析	改正语句

【例题 7.5】请输出如下数阵：

```
            1
        1   2   1
    1   2   3   2   1
  1   2   3   4   3   2   1
1   2   3   4   5   4   3   2   1
```

问题分析：

有五行，第 i 行有 2*i-1 列，且输出项是两头小、中间大的数值形式，变化很有规律。同前面讲的星形正三角形一样，也得控制输出位置；区别是本问题输出的不是 "*" 号，而是数字，所以重点要考查数字的变化规律和行的关系。重点要考查本题中的 i-abs(i-j)。

设计步骤：

（1）打开 VC，创建 liti7-5.c 文件。

（2）输入以下代码并编译执行。

```
#include<stdio.h>
#include<math.h>
int main()
{int i,j,k;
    for (i=1;i<=5;i++)
{
    for(k=1;k<=10-i;k++)
        printf(" ");
    for(j=1;j<=2*i-1;j++)
        printf("%d",i-abs(i-j));        //重点观察
    printf("\n");
}
    return 0;
}
```

（3）运行结果如图 7-5 所示。

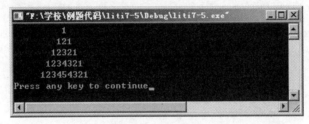

图 7-5　运行结果

（4）错误调试记录。

错误语句	错误代码	错误分析	改正语句

（5）易错分析。本题的难点即输出的数据和循环的控制变量有关。

如将　　　　　　　　i-abs(i-j)

改成　　　　　　　　5-abs(i-5)

输出的结果就完全不一样了。

```
#include<stdio.h>
#include<math.h>
int main()
{   int i,j,k;
    for (i=1;i<=5;i++)
    {
        for(k=1;k<=10-i;k++)
        printf(" ");

        for(j=1;j<=2*i-1;j++)
        printf("%d",5-abs(i-5));
        printf("\n");
```

```
    }
    return 0;
}
```

修改后的运行结果如图 7-6 所示。

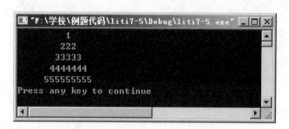

图 7-6　修改后的运行结果

为什么呢？因为输出项表达式一定与变量 j 有关，像 5-abs(i-5)这样一定不行。只要把输出项表达式换成 i-abs(i-j)就可以了。

三、典型习题讲解

【习题 7.1】两个乒乓球队进行比赛，各出三人。甲队为 a、b、c 三人，乙队为 x、y、z 三人。已经抽签决定了比赛名单，有人向队员打听比赛的名单。a 说他不和 x 比，c 说他不和 x、z 比，请编程序找出三队赛手的名单。

问题分析：

首先我们可以设三个变量 i、j、k。i 是 a 的对手，j 是 b 的对手，k 是 c 的对手。则 i 的可能值可用一个循环 for(i='x';i<='z';i++)表示，同理 j 的可能值可用一个循环 for(j='x';j<='z';j++)表示，k 的可能值可用一个循环 for(k='x';k<='z';k++)表示；在循环中去掉几个特殊情况可使用 (i!='x'&&k!='x'&&k!='z')语句。

设计步骤：

（1）打开 VC，创建 xiti7-1.c 文件。

（2）输入以下代码并编译执行。

```
#include<stdio.h>
int main()
{
    char i,j,k;                  //i 是 a 的对手，j 是 b 的对手，k 是 c 的对手
    for(i='x';i<='z';i++)
    for(j='x';j<='z';j++)
    {  if (i!=j)                 //a 和 b 不能是同一个对手
       for(k='x';k<='z';k++)
       {  if(i!=k&&j!=k)         //a、b、c 不能是同一个对手
          {  if(i!='x'&&k!='x'&&k!='z')    //排除特殊条件
             printf("a-----%c\nb-----%c\nc-----%c\n",i,j,k);
          }
       }
    }
    return 0;
}
```

（3）运行结果如图 7-7 所示。

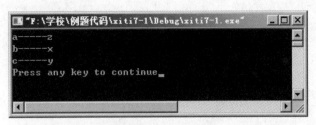

图 7-7　运行结果

【习题 7.2】编程输出如下格式*号。

```
      *
     ***
    *****
   *******
    *****
     ***
      *
```

问题分析：

为了容易解决此题，我们可以先分成上三角和下三角分别解决。先看如下所示的上三角。

```
   *
  ***
 *****
*******
```

请参考实验六"例题 6.2"。

对下三角来说，重点还是*号前的空格问题，只不过空格逐行增加。

观察下三角图形我们同样发现这样一个规律：

*号个数	5	3	1
行数	1	2	3

我们用 i 来表示行，x 表示*的个数，于是 x=7-i*2；因此，该题重点考查的是在循环中数之间的关系。用 i 控制循环次数，就可以得到如下代码：

```
for(i=1;i<=3;i++)
{
    for(j=1;j<=7+i;j++)       //输出空格，并逐行增多
    printf(" ");
    for(j=1;j<=7-i*2;j++)     //输出*，逐行减少
    printf("*");
    printf("\n");
}
```

如果我们对行数进行减数循环：

*号个数	5	3	1
行数	3	2	1

i 来表示行，x 表示*的个数，于是 x=i*2-1；可得如下代码：

```
for(i=3;i>=1;i--)              //下三角
{
    for(j=1;j<=11-i;j++)
    printf(" ");
    for(j=1;j<=2*i-1;j++)
    printf("*");
    printf("\n");
}
```

同学们可将两种产生下三角的方法都试一试。

设计步骤：

（1）打开 VC，创建 xiti7-2.c 文件。

（2）输入以下代码并编译执行。

```
#include<stdio.h>
int main()
{
    int i,j;
    for(i=0;i<=3;i++)
    {
        for(j=1;j<=10-i;j++)
        printf(" ");
        for(j=1;j<=2*i+1;j++)
        printf("*");
        printf("\n");     //上三角完成
    }
    for(i=1;i<=3;i++)
    {
        for(j=1;j<=7+i;j++)
        printf(" ");
        for(j=1;j<=7-i*2;j++)
        printf("*");
        printf("\n");
    }
    return 0;
}
```

（3）运行结果如图 7-8 所示。

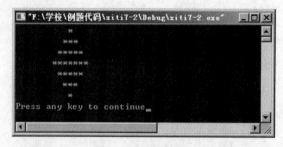

图 7-8 运行结果

四、二级考试提高训练

【**训练 7.1**】求给定的一个整数 num 的各位数字之和。

问题分析：

该问题的关键是求出给定的整数的各位数，num%10 语句可完成求各位数，但是，我们并不知道这个数是几位数，因此要在循环中判断 i=num/10 值是否为 0。

设计步骤：

（1）打开 VC，创建 xunlian7-1.c 文件。

（2）输入以下代码并编译执行。

```
#include <stdio.h>
int main()
{
    int num,sum,i;
    scanf("%d",&num);
    sum=0;
    i=num/10;
    while(i!=0)
    {    sum=sum+num%10;
        num=num/10;
        i=num/10;
    }
    sum=sum+num;
    printf("sum=%d\n",sum);
    return 0;
}
```

（3）运行结果如图 7-9 所示。

图 7-9　运行结果

【**训练 7.2**】编程输出如下图形。

```
1 2 3 4 5 6 7 8 9
2 3 4 5 6 7 8 9
3 4 5 6 7 8 9
4 5 6 7 8 9
5 6 7 8 9
6 7 8 9
7 8 9
8 9
9
```

设计步骤：

（1）打开 VC，创建 xunlian7-2.c 文件。

（2）输入以下代码并编译执行。

```
#include <stdio.h>
int main()
{   int i,j;
    for(i=1;i<=9;i++)
    {   for(j=i;j<=9;j++)
        printf("%2d",j);
        printf("\n");
    }
    return 0;
}
```

五、习题与思考

1．请编写程序，它的功能是：判断整数 x 是否是同构数。若是同构数，则输出该数。所谓"同构数"是它出现在它的平方数的右边。例如：输入整数 5，5 的平方数是 25，5 是 25 右边的数，所以 5 是同构数。x 的值由键盘输入，要求不大于 100。

2．将一元钱换成 1 分、2 分或 5 分的零钱有多少种换法？

3．给定一个 5 位数，判定其是否是回文数。

实验 8　数组程序设计（1）

一、实验目的

1. 理解数组、数组元素和下标的概念。
2. 掌握一维数组定义、初始化和输入输出方法。
3. 掌握二维数组的定义、初始化和输入输出方法。
4. 掌握一维数组、二维数组的程序设计方法及典型应用。

二、实验内容及步骤

【例题 8.1】在数组 a 中，存放着 10 个整型数据，数据是从下标 0 开始存放的，试编程顺序输出下标为奇数的各数组元素的值。

问题分析：

由题意可知，数据从下标 0 开始存放，故 10 个数据存放在 a[0]～a[9]共 10 个数组元素中，采用循环控制，使循环变量的值由 1～9 变化，步长为 2 即可实现题目的功能。

设计步骤：

（1）打开 VC，创建 liti8-1.c 文件。

（2）输入以下代码并编译执行。

```
#include <stdio.h>
int main()
{
    int i, a[10]={0,1,2,3,4,5,6,7,8,9};
    for(i=1;i<=9; i=i+2)
        printf("%d ",a[i]);
    printf("\n");
    return 0;
}
```

（3）运行结果如图 8-1 所示。

图 8-1　运行结果

（4）错误调试记录。

错误语句	错误代码	错误分析	改正语句

【**例题 8.2**】求 10 个整型数据的最大值及其位置，若有多个最大值，则输出排在前面的最大值。

问题分析：

本题思路：求一维数组的最大值，将第一个数组元素即 a[0]作为当前最大值保存，同时将第一个数组元素的下标 0 作为当前最大值的位置保存起来。然后将当前最大值与一维数组中所有数组元素进行比较，比当前最大值大的数组元素的值作为新的当前最大值保存，同时保存新的当前最大值的下标值。当一维数组中的所有数组元素都比较完毕，则此时的当前最大值及其位置即是整个一维数组的最大值及其位置。需要注意的是，由于要求当数组中存在多个最大值时，仅输出排在最前面的最大值，因此在最大值的比较处理时，比当前最大值大的数组元素作为新的当前最大值，与当前最大值相等的数组元素的值不必保存。

设计步骤：

（1）打开 VC，创建 liti8-1.c 文件。

（2）输入以下代码并编译执行。

```
#include <stdio.h>
int main()
{   int i,max,loc;
    int a[10]={27,-51,26,0,83,-85,63,56,83,36};
    max=a[0];
    loc=0;
    for (i=0;i<=9;i++)
        if (a[i]>max)
            {   max=a[i];
                loc=i;
            }
    printf("max=%d\nloc=%d\n",max,loc);
    return 0;
}
```

（3）运行结果如图 8-2 所示。

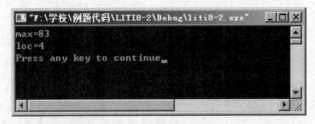

图 8-2　运行结果

（4）错误调试记录。

错误语句	错误代码	错误分析	改正语句

【例题 8.3】用冒泡排序法对从键盘输入的 10 个整型数据进行由小到大排序。

问题分析：

冒泡排序算法一般是按照从左到右的顺序，将相邻的两个数进行比较，将相对较小的数放在左边，相对较大的数放在右边。比如，对 10 个整数从左到右按照由小到大的顺序排序，先将 a[0]和 a[1]比较，将相对较小的数放在 a[0]中，相对较大的数放在 a[1]中，然后再将 a[1]和 a[2]比较，将相对较小的数放在 a[1]中，相对较大的数放在 a[2]中，依此类推，最后将 a[8]和 a[9]比较，将相对较小的数放在 a[8]中，相对较大的数放在 a[9]中，经过这轮比较，最大的数就存放在 a[9]中。然后再对 a[0]～a[8]进行上述过程的第二轮比较交换，将第二个大数存放在 a[8]中。再对 a[0]～a[7]进行上述的第三轮比较交换，将第三个大数存放在 a[7]中。重复上述过程，对 10 个数据从小到大排序，需要经过 9 轮的上述比较才能排序完毕。另外，需要特别注意的是，每一轮所确定的相对最大值，其需要比较次数是逐渐减少的，第一个大数需要比较 9 次，第二个大数需要比较 8 次，第三个大数需要比较 7 次，依此类推。

设计步骤：

（1）打开 VC，创建 liti8-3.c 文件。

（2）输入以下代码并编译执行。

```c
#include <stdio.h>
int main()
{
    int i,j,t,a[10];
    printf("input 10 numbers：\n");
    for (i=0;i<10;i++)
        scanf("%d",&a[i]);
    printf("\n");
    for(j=0;j<9;j++)
        for(i=0;i<9-j;i++)
            if (a[i]>a[i+1])
                {t=a[i];a[i]=a[i+1];a[i+1]=t;}
    printf("the sorted numbers：\n");
    for(i=0;i<10;i++)
        printf("%d ",a[i]);
    printf("\n");
    return 0;
}
```

（3）运行结果如图 8-3 所示。

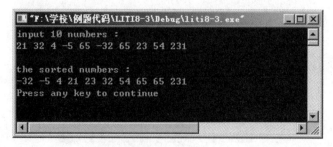

图 8-3　运行结果

（4）错误调试记录。

错误语句	错误代码	错误分析	改正语句

【例题 8.4】输出所有的水仙花数，所谓水仙花数是一个 3 位数，其各位数字的立方和等于该数本身。例如 $153=1^3+5^3+3^3$，故 153 是一个水仙花数。

问题分析：

由于水仙花数是一个 3 位数，故取值范围为 100～999。然后针对上述范围内的每一个数，分离出其百位数字、十位数字和个位数字，如果分离出的三位数字的立方和等于分离前的 3 位数本身，则该 3 位数是水仙花数，否则就不是水仙花数。如果是水仙花数则将该 3 位数保存在数组中，待所有的水仙花数判断出来后统一输出。本例题进一步练习如何在程序中利用数组保存处理结果。

设计步骤：

（1）打开 VC，创建 liti8-4.c 文件。

（2）输入以下代码并编译执行。

```c
#include <stdio.h>
int main()
{
    int a,b,c,n,i,k=0,m[10]={0};
    for(n=100;n<1000;n++)
    {   a=n/100;
        b=n/10-a*10;
        c=n%10;
        if(a*a*a+b*b*b+c*c*c==n)
        {   m[k]=n;
            k++;
        }
    }
    printf("所有的水仙花数为：\n");
    for(i=0;i<k;i++)
        printf("%d    ",m[i]);
    printf("\n");
    return 0;
}
```

（3）运行结果如图 8-4 所示。

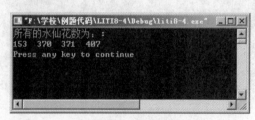

图 8-4　运行结果

（4）错误调试记录。

错误语句	错误代码	错误分析	改正语句

【例题 8.5】有个 3×4 的二维数组 a[3][4]，要求编程求出其中的最大值及其位置，若数组中存在多个最大值，则仅输出排在最前面的最大值及其位置。

问题分析：

求一个二维数组的最大值，一般采用将第一个数组元素即 a[0][0]作为最大值的初值即当前最大值保存，第一个数组元素的下标值[0][0]作为当前最大值的行列位置同时保存起来。然后将当前最大值与二维数组中所有数组元素包括 a[0][0]进行比较，比当前最大值大的数组元素的值作为新的当前最大值保存，同时保存新的当前最大值的下标值。当二维数组中的所有数组元素都比较完毕，则此时的当前最大值及其位置即是整个二维数组的最大值及其位置。需要注意的是，由于要求当数组中存在多个最大值时，仅输出排在最前面的最大值，因此在最大值的比较处理时，比当前最大值大的数组元素作为新的当前最大值，与当前最大值相等的数组元素的值不作为新的当前最大值保存。

设计步骤：

（1）打开 VC，创建 liti8-5.c 文件。

（2）输入以下代码并编译执行。

```
#include <stdio.h>
int main()
{   int i,j,max,row,colum;
    int a[3][4]={{10,-32,26,71},{-85,63,-8,56},{71,36,63,0}};
    max=a[0][0];
    row=0;
    colum=0;
    for (i=0;i<=2;i++)
      for (j=0;j<=3;j++)
        if (a[i][j]>max)
          {   max=a[i][j];
              row=i;
             colum=j;
          }
    printf("max=%d\nrow=%d\ncolum=%d\n",max,row,colum);
    return 0;
}
```

（3）运行结果如图 8-5 所示。

图 8-5　运行结果

提示：

a）在双重循环结构的循环体中，在修改当前最大值的时候，不要忘了同时也要修改当前最大值的位置。

b）若题目要求，当有多个最大值时，输出数组中排在后面的最大值，该程序应如何修改？

三、典型习题讲解

【习题 8.1】求一个 4×4 的整型矩阵的主对角线元素之和。

问题分析：

本题关键是分析主对角线的数组元素的特点，即主对角线上每一个数组元素，其行下标值与列下标值是相等的。用一个变量即可描述主对角线的各个数组元素，因此该题是一个单循环结构的程序，不要一看到是个二维数组就采用双循环结构处理。

设计步骤：

（1）打开 VC，创建 xiti8-1.c 文件。

（2）输入以下代码并编译执行。

```
#include <stdio.h>
int main()
{   int i,j,sum=0;
    int a[4][4]={{10,-32,26,71},{-85,63,-8,56},{71,36,63,0},{76,43,-67,35}};
    for (i=0;i<=3;i++)
        sum=sum+a[i][i];
    printf("sum=%d\n",sum);
    return 0;
}
```

（3）运行结果如图 8-6 所示。

图 8-6 运行结果

【习题 8.2】将一个数组中的值按逆序重新存放在数组中，例如原来数组元素的值依次是（0，1，2，3，4，5，6，7，8，9），按逆序存放后的各数组元素的值依次为（9，8，7，6，5，4，3，2，1，0）。

问题分析：

本题的思路是：以中间的数组元素为中心，将其两边的数组元素对称交换即可。具体处理可采用不同的算法，如：假设给定的数组 a 中包含 N 个数组元素，各个数组元素值是从 a[0] 开始存放的。则对于数组前半部分的一个元素 a[i]，其对应的数组后半部分的对称元素为 a[N-1-i]，逆序存放就是要交换 a[i] 和 a[N-1-i] 的值，其中 i 的值从 0 到 N/2（不包括 N/2）变化。

设计步骤：

（1）打开 VC，创建 xiti8-2.c 文件。

（2）输入以下代码并编译执行。

```
#include <stdio.h>
#define N 10
int main()
{
    int i,temp;
    int a[N]={26,15,63,-38,56,36,87,0,76,43};
    printf("the array before reverse：\n");
    for(i=0;i<N;i++)
        printf("%d    ",a[i]);
        printf("\n");
        for(i=0;i<N/2;i++)
        {   temp=a[i];
            a[i]=a[N-1-i];
            a[N-1-i]=temp;
        }
    printf("the array after reverse：\n");
    for(i=0;i<N;i++)
    printf("%d    ",a[i]);
    printf("\n");
    return 0;
}
```

（3）运行结果如图 8-7 所示。

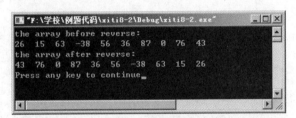

图 8-7　运行结果

【习题 8.3】 输出以下的杨辉三角形（要求输出 10 行），如图 8-8 所示。

图 8-8　杨辉三角形

问题分析：

通过分析杨辉三角形的数据组成可知，杨辉三角形的垂直边和斜边的值都是 1，其他数值都是前一行的同一列的数及其前一列的数之和，即 a[i][j]= a[i-1][j]+ a[i-1][j-1]，i 代表行，取值从 2 到 9，j 代表列，取值从 1 到 i-1（假设 i 和 j 都从 0 开始取值）。

设计步骤：

（1）打开 VC，创建 xiti8-3.c 文件。

（2）输入以下代码并编译执行。

```c
#include <stdio.h>
#define N 10
int main()
{
    int a[N][N],i,j;
    for(i=0;i<N;i++)
    {   a[i][0]=1;
        a[i][i]=1;
    }
    for(i=2;i<N;i++)
        for(j=1;j<i;j++)
            a[i][j]=a[i-1][j-1]+a[i-1][j];
    for(i=0;i<N;i++)
    {   for(j=0;j<=i;j++)
        printf("%4d",a[i][j]);
        printf("\n");
    }
    return 0;
}
```

【习题 8.4】利用选择排序法对数组 a 中的 10 个整数按照从小到大的顺序排列，并将排序结果输出。

问题分析：

求 a[0]到 a[9]中的最小值，将该最小值与 a[0]交换；然后求 a[1]到 a[9]中的最小值，将该最小值与 a[1]交换；再求 a[2]到 a[9]中的最小值，将该最小值与 a[2]交换；依此类推，直到排序完成为止。

设计步骤：

（1）打开 VC，创建 xiti8-4.c 文件。

（2）输入以下代码并编译执行。

```c
#include <stdio.h>
#define N 10
int main()
{
    int a[N],i,j,min,temp;
    for(i=0;i<N;i++)
     scanf("%d",&a[i]);
    for(i=0;i<N-1;i++)
    {   min=i;
        for(j=i;j<N;j++)
        if(a[min]>a[j]) min=j;
```

```
        if(min!=i)
        {   temp=a[i];
            a[i]=a[min];
            a[min]=temp;
        }
    }
    printf("the sorted numbers： \n");
    for(i=0;i<N;i++)
    printf("%4d",a[i]);
    printf("\n");
    return 0;
}
```

（3）运行结果如图 8-9 所示。

图 8-9　运行结果

四、二级考试提高训练

【训练 8.1】有 10 个数按由小到大的顺序存放在数组 a 中，现由键盘输入一个数 num，要求用折半查找法找出该数是数组 a 中的第几个数，若该数在数组 a 中不存在，则输出"无此数"。

问题分析：

由于已知数组已经按照由小到大的顺序排好，假设 left 表示该数组中第一个数组元素的下标，right 表示该数组最后一个数组元素的下标，则采用折半查找的方法是先找 mid=(left+right)/2 下标对应数组元素 a[mid]，若需查找的数 num 大于 a[mid]，则需在后面的数据区间继续查找，查找区间为 mid+1 到 right；若需查找的数 num 小于 a[mid]，则需在前面的数据区间继续查找，查找区间为 left 到 mid-1；若需查找的数 num 等于 a[mid]，则表示在数组中找到该数。如果没有找到，则不论在前一个区间还是在后一个区间，都继续采用折半查找的方法继续查找，直到找到为止或直到查找区间不存在（即 left>right）为止。

设计步骤：

（1）打开 VC，创建 xunlian8-1.c 文件。

（2）输入以下代码并编译执行。

```
#include <stdio.h>
#define N 10
int main()
{
```

```
int a[N]={-73,-67,-54,0,32,84,86,90,234,312};
int num,i,left,right,mid,find=0;        //find=0，未找到；find=1，找到
left=0; right=N-1;
printf("please input：");
scanf("%d",&num);
while( find==0 && left<=right)
{    mid=(left+right)/2;
     if(num>a[mid])
        left=mid+1;
     else if(num<a[mid])
        right=mid-1;
     else
        find=1;
}
if(find==1)
    printf("found:%4d\n",mid);
else
    printf("not found!\n");
return 0;
}
```

（3）运行结果。

若数组中存在查找的数，运行结果如图 8-10 所示。

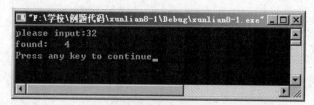

图 8-10　运行结果

若数组中不存在查找的数，运行结果如图 8-11 所示。

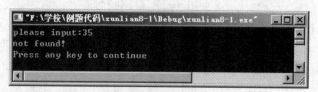

图 8-11　运行结果

【训练 8.2】有一个已排好的数组，要求输入一个数后，按原来排序的规律将它插入到数组中。

问题分析：

本题的思路是：首先采用折半查找法定位待插入的数应该插入的位置，即确定插入点，然后将插入点之后的所有数据分别后移一个位置，插入待插入的数即可。

设计步骤：

（1）打开 VC，创建 xunlian8-2.c 文件。

（2）输入以下代码并编译执行。

```
#include <stdio.h>
#define N 10
int main()
{
    int a[N+1]={-73,-67,-54,0,32,84,86,90,234,312};
    int num,i,left,right,mid,find=0;        //find=0，未找到；find=1，找到
    left=0; right=N-1;
    printf("please input：");
    scanf("%d",&num);
    while( find==0 && left<=right)
    {   mid=(left+right)/2;
        if(num>a[mid])
            left=mid+1;
        else if(num<a[mid])
            right=mid-1;
        else
            find=1;
    }
    if(find==1)
        { for(i=N-1;i>=mid;i--)
            a[i+1]=a[i];
            a[mid]=num;}
    else
        { for(i=N-1;i>=left;i--)
            a[i+1]=a[i];
            a[left]=num;}
    printf("after insert,the array is：\n");
    for(i=0;i<N+1;i++)
        printf("%4d",a[i]);
    printf("\n");
    return 0;
}
```

（3）运行结果。

若插入的数在数组中不存在，运行结果如图 8-12 所示。

图 8-12　运行结果

若插入的数在数组中已存在，则插入在相同数的前面，运行结果如图 8-13 所示。

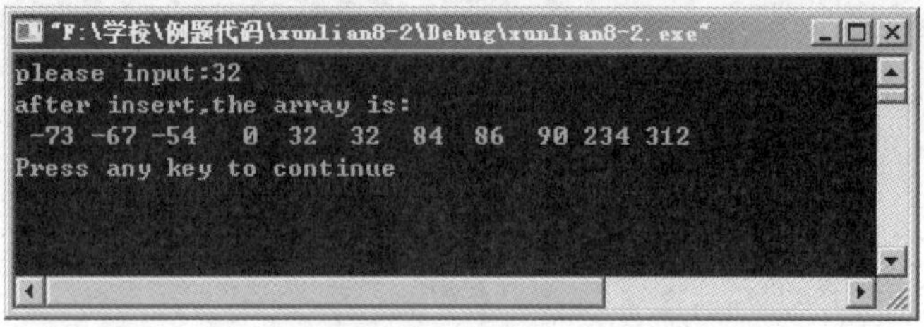

图 8-13　运行结果

【训练 8.3】找出一个二维数组中的鞍点，即该位置上的元素在该行上最大，在该列上最小。

问题分析：

要找出一个二维数组中的鞍点，采用的算法如下：先找出第 0 行最大值，再判断该最大值是不是所在列中的最小值，若是，则第 0 行上的最大值就是二维数组的一个鞍点。然后依次判断第 1 行、第 2 行……。判断最大值（最小值）的算法前面已叙述过，就是将第一个数作为当前最大值（最小值），依次和后面的各个数进行比较，从而求出该组数的最大值（最小值）。

设计步骤：

（1）打开 VC，创建 xunlian8-3.c 文件。

（2）输入以下代码并编译执行。

```
#include <stdio.h>
#define m 3
#define n 4
int main()
 {int i,j,k,max,maxi,maxj,flag1,flag2;
  int a[m][n]={{-85,63,-8,75},{71,36,63,98},{76,43,-67,83}};
  for(i=0;i<m;i++)
  { for(j=0;j<n;j++)
      printf("%4d",a[i][j]);
    printf("\n");
  }
  flag2=0;                //假定该数组没有鞍点
  for(i=0;i<m;i++)
  { max=a[i][0];
    for(j=0;j<n;j++)
       if(a[i][j]>max)
          { max=a[i][j];
            maxj=j;
          }
    flag1=1;             //假定 max 在该列最小
    for(k=0;k<m;k++)
         if(a[k][maxj]<max)
       {    flag1=0;
            break;
       }
    if(flag1==1)          //判断 max 在该列是否最小
```

```
        {        printf("a[%d][%d]=%d is saddle point!\n",i,maxj,max);
                 flag2=1;
        }
    }
    if(flag2==0)
        printf("this array has no saddle point!\n");
    return 0;
}
```

（3）程序分析。本程序是一个二重循环结构，外循环用于处理二维数组中的每一行，内循环用于判断该行上有无鞍点存在，内循环由两个并列的循环构成，其中前一个循环用于求一行的最大值，后一个循环用于判断该行上的最大值是否是所在列中的最小值。

运行结果如图 8-14 所示。

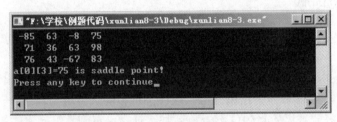

图 8-14　运行结果

五、习题与思考

1．在 C 语言中，简述一维数组和二维数组分别在内存中是如何存放的。

2．在程序中访问数组元素时，对下标的取值有限制吗？

3．有一个 3×4 的二维数组，求每一行的平均值。

4．有一个 3×4 的二维数组，求每一列的平均值。

5．输入单精度型一维数组 a[10]，计算并输出 a 数组中所有元素的平均值。

6．用筛选法求 100 之内的素数。

筛选法的设计思想：将不是素数的数清除，即将不是素数的数组元素的值置 0，从而使剩下的数组元素的值不是 0 的数都是素数。

（1）首先将 1 清除，即 a[0]=0。因为 1 不是素数。

（2）用 2 去除后面的各个数，把能被 2 整除的数置 0。

（3）用 3 去除后面的各个数，把能被 3 整除的数置 0。

（4）用 5 去除后面的各个数，把能被 5 整除的数置 0。

依此类推，直到用 sqrt(100) 去除后面的各个数，把能被 sqrt(100) 整除的数置 0，剩余的值不为 0 的数就是所有的素数。

实验9 数组程序设计（2）

一、实验目的

1. 理解字符串常量、字符数组、字符串函数的概念。
2. 掌握字符数组定义、初始化和输入输出方法。
3. 掌握字符数组的程序设计方法及典型应用。
4. 掌握字符串函数的格式、功能及应用。

二、实验内容及步骤

【例题 9.1】从键盘上输入一个字符串，编程统计字符串的长度（要求不用 strlen 函数）。

问题分析：

本题的思路是：用字符串函数 gets()从键盘接收一个字符串，该字符串以字符数组的形式在内存中连续存放，且以'\0'作为结束标志。统计字符串的长度就是从字符数组下标为 0 的元素开始进行判断，只要数组元素的值不为'\0'就加 1 计数，直到数组元素的值为'\0'为止，此时，计数值就是字符串的长度。

设计步骤：

（1）打开 VC，创建 liti9-1.c 文件。

（2）输入以下代码并编译执行。

```
#include "stdio.h"
#include "string.h"
int main()
{   char string[81];   //输入字符串最大长度81，同学们可以改为8，程序运行报错，请思考为什么？
    int i,n=0;
    printf("please input：\n");
    gets(string);
    printf("%s\n",string);
    for(i=0;string[i]!='\0';i++)
        n++;
    printf("the string length：%4d\n",n);
    return 0;
}
```

（3）运行结果如图 9-1 所示。

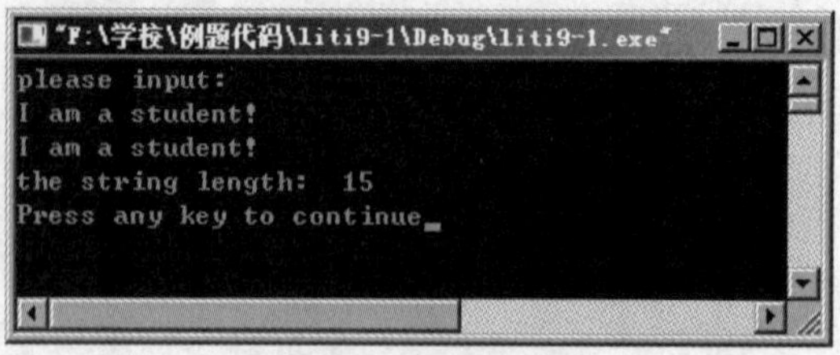

图 9-1　运行结果

（4）错误调试记录。

错误语句	错误代码	错误分析	改正语句

【例题 9.2】数组 string 中存放着一个字符串，编程将数组 string 中的小写字母转换成大写字母，其他字符不变（要求不用 strupr 函数）。

问题分析：

本题的思路是：字符数组 string 中保存的字符串从 string[0]开始连续存放，且以'\0'作为结束标志。因此，处理方法是从字符数组下标为 0 的元素开始进行判断，只要是小写字母就将其转换成大写字母即将小写字母的 ASCII 值减去 32，直到数组元素的值为'\0'为止。

设计步骤：

（1）打开 VC，创建 liti9-2.c 文件。

（2）输入以下代码并编译执行。

```c
#include "string.h"
int main()
{
    char string[81]="the string length is 65!";
    int i;
    printf("%s\n",string);
    for(i=0;string[i]!='\0';i++)
        if(string[i]>='a'&& string[i]<='z') string[i]=string[i]-32;
    printf("%s\n",string);
    return 0;
}
```

（3）运行结果如图 9-2 所示。

图 9-2　运行结果

（4）错误调试记录。

错误语句	错误代码	错误分析	改正语句

【例题 9.3】编程将字符数组 a 的全部字符复制到字符数组 b 中（要求不用 strcpy 函数）。

设计步骤：

（1）打开 VC，创建 liti9-3.c 文件。

（2）输入以下代码并编译执行。

```
#include "stdio.h"
#include "string.h"
int main()
{
    char str1[81]="the string length is 65!",str2[81];
    int i;
    printf("str1:%s\n",str1);
    for(i=0;str1[i]!='\0';i++)
        str2[i]=str1[i];
        str2[i]='\0';
    printf("str2:%s\n",str2);
    return 0;
}
```

（3）运行结果如图 9-3 所示。

图 9-3　运行结果

（4）错误调试记录。

错误语句	错误代码	错误分析	改正语句

【例题 9.4】输入一行字符，统计其中有多少个单词，单词之间用空格分开。

问题分析：

本题的思路是：首先正确区分一个单词的开始和结束的特征，题意已经告诉我们，单词之间用空格分开，所以当第一次遇到一个非空格时，表示一个单词的开始，此时，可进行单词计数（num++），同时设置遇到单词的标志（word=1）；当遇到空格或连续遇到空格时，表示一个单词结束或早已结束，此时遇到单词的标志清除（word=0）；除此之外的其他情况不予处理。

设计步骤：

（1）打开 VC，创建 liti9-4.c 文件。

（2）输入以下代码并编译执行。

```
#include "stdio.h"
#include <stdio.h>
```

```
int main()
{
    char string[81];
    int i,num=0,word=0;
    gets(string);
    for (i=0;(string[i])!='\0';i++)
        if(string[i]==' ')
                word=0;
        else if(word==0)
                {   word=1;
                    num++;
                }
    printf("There are %d words in this line.\n",num);
    return 0;
}
```

（3）运行结果如图 9-4 所示。

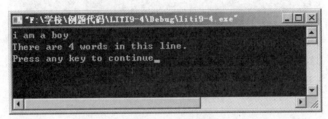

图 9-4　运行结果

（4）错误调试记录。

错误语句	错误代码	错误分析	改正语句

【例题 9.5】求一组字符串的最大值及其位置（利用字符串函数）。

问题分析：

本题思路与求一组数值型数据的最大值的思路相同，不同的是在字符串处理过程中，保存当前最大的字符串要使用 strcpy()函数，比较两个字符串的大小要使用 strcmp()函数。

设计步骤：

（1）打开 VC，创建 liti9-5.c 文件。

（2）输入以下代码并编译执行。

```
#include <stdio.h>
#include <string.h>
int main()
{   int i,loc;
    char string[5][20]={ "china","japan","india","singapore","kuwait"};
    char smax[20];
```

```
        for (i=0;i<5;i++)
            printf("%s,",string[i]);
        printf("\n");
        strcpy(smax,string[0]);
        loc=0;
        for (i=1;i<5;i++)
            if (strcmp(string[i],smax)>0)
                {   strcpy(smax,string[i]);
                    loc=i;
                }
        printf("smax=%s\nloc=%d\n",smax,loc);
        return 0;
    }
```

（3）运行结果如图 9-5 所示。

图 9-5   运行结果

（4）错误调试记录。

错误语句	错误代码	错误分析	改正语句

三、典型习题讲解

【习题 9.1】在字符数组 str1[81]和 str2[81]中分别存放着两个字符串，编程将两个字符串连接起来构成一个新的字符串，并将新生成的字符串存放在字符数组 str1[81]中（要求不用 strcat 函数）。

问题分析：

本题的思路是：首先找到 str1[81]中存放的字符串的结束标志'\0'，然后将 str2[81]中每一个字符都复制到 str1[81]中，直到遇到 str2[81]中结束标志为止，最后不要忘了在新生成的字符串后面加上结束标志'\0'。

设计步骤：

（1）打开 VC，创建 xiti9-1.c 文件。

（2）输入以下代码并编译执行。

```
#include "stdio.h"
#include "string.h"
```

```
int main()
{
    char str1[81],str2[81];
    int i,j;
    printf("input the first string：\n");
    gets(str1);
    printf("input the second string：\n");
    gets(str2);
    for(i=0;str1[i]!='\0';i++)
        ;                              //注意这里分号的作用
    for(j=0;str2[j]!='\0';j++,i++)
        str1[i]=str2[j];
        str1[i]='\0';
    printf("the new string：\n");
    printf("%s\n",str1);
    return 0;
}
```

（3）运行结果如图 9-6 所示。

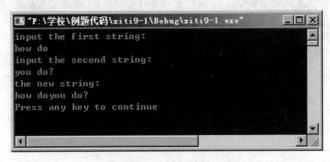

图 9-6　运行结果

【习题 9.2】编程进行两个字符串 str1 和 str2 的比较，若 str1＞str2，输出一个正数；若 str1＝str2，输出 0；若 str1＜str2，输出一个负数，输出的数是两个字符的 ASCII 码值的差（要求不用 strcmp 函数）。

问题分析：

两个字符串的比较过程是首先比较两个字符串中第 1 个字符，若第 1 个字符不同，则字符的 ASCII 码值大的，该字符所在的字符串就大。若第 1 个字符相同，则比较第 2 个字符，若第 2 个字符不同，则第 2 个字符的 ASCII 码值大的，其所在的字符串就大。若第 2 个字符相同，则比较第 3 个字符，依此类推，就可以确定两个字符串是否相等或谁大谁小。在两个字符串进行比较时，两个字符串的长度可能不同，在比较过程中任何一个字符串遇到结束标志时，两个字符串的比较就结束。

设计步骤：

（1）打开 VC，创建 xiti9-2.c 文件。

（2）输入以下代码并编译执行。

```
#include "stdio.h"
#include "string.h"
```

```
int main()
{
    char str1[81],str2[81];
    int i,x;
    printf("input the first string：\n");
    gets(str1);
    printf("input the second string：\n");
    gets(str2);
    for(i=0;str1[i]==str2[i] && str1[i]!='\0';i++)
        ;
    x=str1[i]-str2[i];
    printf("the compare result is：%d\n",x);
    return 0;
}
```

（3）运行结果如图 9-7 所示。

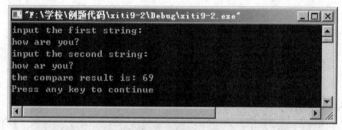

图 9-7　运行结果

【习题 9.3】从键盘上输入一个字符串，试分别统计其中英文字母、空格、数字和其他字符的个数。

问题分析：

本题的思路是：通过分析杨辉三角形的数据组成可知，杨辉三角形的垂直边和斜边的值都是 1，其他数值都是前一行的同一列的数及其前一列的数之和，即 a[i][j]= a[i-1][j]+ a[i-1][j-1]，i 代表行，取值从 2 到 9，j 代表列，取值从 1 到 i-1（假设 i 和 j 都从 0 开始取值）。

设计步骤：

（1）打开 VC，创建 xiti9-3.c 文件。

（2）输入以下代码并编译执行。

```
#include "stdio.h"
#include "string.h"
int main()
{   char str[81];
    int i,num[4]={0};
    gets(str);
    for(i=0;str[i]!='\0';i++)
    if((str[i]>='A' && str[i]<='Z') || (str[i]>='a' && str[i]<='z'))
        num[0]++;
    else if(str[i]>='0'&&str[i]<='9')
        num[1]++;
```

```
        else if(str[i]==' ')
                num[2]++;
        else
                num[3]++;
    printf(" letters digit space other\n");
    for(i=0;i<4;i++)
        printf("%6d",num[i]);
    printf("\n");
    return 0;
}
```

（3）运行结果如图 9-8 所示。

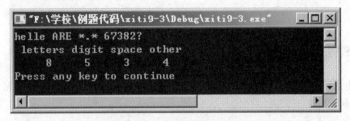

图 9-8　运行结果

【习题 9.4】编程输出以下图案。

```
*****
 *****
  *****
   *****
    *****
```

问题分析：

本题的思路是：本图案共输出 5 行，每行输出 5 个 "*"，可以将由 5 个 "*" 组成的字符串存放在一个字符数组里，由一个循环结构控制输出 5 行，其中每一行输出，先输出几个空格以控制每行 "*" 的输出起点，接着输入由 5 个 "*" 组成的字符数组的值。

设计步骤：

（1）打开 VC，创建 xiti9-4.c 文件。

（2）输入以下代码并编译执行。

```
#include "stdio.h"
#include "string.h"
int main()
{
    char str[]="*****";
    int i,j;
    for(i=0;i<5;i++)
      {
        for(j=1;j<=i+1;j++)
        printf(" ");
        puts(str);
```

```
        }
    return 0;
}
```

（3）运行结果如图 9-9 所示。

图 9-9　运行结果

四、二级考试提高训练

【训练 9.1】输入一行字符，统计其中有多少个单词（单词之间用空格分开），并将每个单词的首字母改成大写。

问题分析：

本题的思路是：由于已知数组已经按照由小到大的顺序排好，假设 left 表示该数组中第一个数组元素的下标，right 表示该数组最后一个数组元素的下标，则采用折半查找的方法是先找 mid=(left+right)/2 下标对应数组元素 a[mid]，若需查找的数 num 大于 a[mid]，则需在后面的数据区间继续查找，查找区间为 mid+1 到 right；若需查找的数 num 小于 a[mid]，则需在前面的数据区间继续查找，查找区间为 left 到 mid-1；若需查找的数 num 等于 a[mid]，则表示在数组中找到该数。如果没有找到，则不论在前一个区间还是在后一个区间，都继续采用折半查找的方法继续查找，直到找到为止或直到查找区间不存在（即 left>right）为止。

设计步骤：

（1）打开 VC，创建 xunlian9-1.c 文件。

（2）输入以下代码并编译执行。

```c
#include <stdio.h>
int main()
{
    char string[81];
    int i,num=0,word=0;
    printf("input string：\n");
    gets(string);
    for (i=0;(string[i])!='\0';i++)
        if(string[i]==' ')
            word=0;
        else if(word==0)
        {
            word=1;
            string[i]=string[i]-32;
        }
```

```
printf("output string：\n");
printf("%s\n",string);
return 0;
}
```

（3）运行结果如图 9-10 所示。

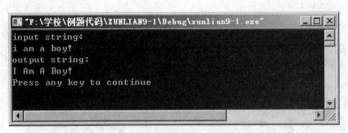

图 9-10 运行结果

【训练 9.2】在二维字符数组 string[5][20]中，存放着一组字符串，编程对这组字符串按照由小到大的顺序排序（利用字符串函数）。

问题分析：

本题的思路是：按照选择排序法对 string 数组中的 5 个字符串按照由小到大的顺序排序。

设计步骤：

（1）打开 VC，创建 xunlian9-2.c 文件。

（2）输入以下代码并编译执行。

```
#include <stdio.h>
#include <string.h>
int main()
{
    int i,j,min;
    char string[5][20]={"china","japan","india","singapore","kuwait"};
    char s[20];
    printf("the original strings：\n");
    for (i=0;i<5;i++)
        printf("%s,",string[i]);
    printf("\n");
    for (i=0;i<4;i++)
    {
        min=i;
        for(j=i;j<5;j++)
            if(strcmp(string[min],string[j])>0) min=j;
        if (min!=i)
        {
            strcpy(s,string[min]);
            strcpy(string[min],string[i]);
            strcpy(string[i],s);
        }
    }
    printf("the sorted strings：\n");
```

```
for(i=0;i<5;i++)
printf("%s,",string[i]);
printf("\n");
return 0;
}
```

（3）运行结果如图 9-11 所示。

图 9-11　运行结果

五、习题与思考

1．字符串常量在内存中是如何存储的？

2．C 语言用什么符号作为字符串结束标志？

3．总结给字符数组赋值及输出字符数组的各种方式。

4．在给定的 str 字符串中，截取指定位置 location 及长度 length 的一个子字符串。

5．删除 str 字符串中的非数字字符。

实验 10　函数（1）

一、实验目的

1. 了解使用函数的作用和意义。
2. 掌握定义无参函数、有参函数和空函数的方法。
3. 掌握函数调用的形式。
4. 理解函数调用时的数据传递方式和函数调用过程。

二、实验内容及步骤

【例题 10.1】编写一个判断素数的有参函数，然后在主函数中调用该函数，用来判断任意输入的一个自然数是否为素数。

问题分析：

判断一个自然数 n 是否为素数，可以用 2 到 n-1 依次去除 n，如果都不能整除，该自然数 n 就是素数；否则，就不是素数。

设计步骤：

（1）打开 VC，创建 liti10-1.c 文件。

（2）输入以下代码并编译执行。

```
int prime(int number)      //此函数用于判别素数
{
    int flag=1,n;
    for(n=2;n<(number-1)&&flag==1;n++)
    if (number%n==0)
        flag=0;
    return(flag);
}

void main()
{
    int number;
    printf("请输入一个正整数：\n");
    scanf("%d", &number);
    if (prime(number))
        printf("\n%d 是素数。",number);
    else
        printf("\n%d 不是素数。",number);
}
```

（3）运行结果如图 10-1 所示。

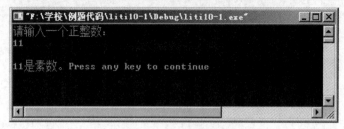

图 10-1　运行结果

（4）错误调试记录。

错误语句	错误代码	错误分析	改正语句

【例题 10.2】编写两个有参函数，分别求两个正整数的最大公约数和最小公倍数，用主函数调用这两个函数并输出结果。两个正整数由键盘输入。

问题分析：

求两个正整数的最大公约数可以使用"辗转相除法"。求最小公倍数可以使用公式：最小公倍数=两个数的乘积/最大公约数。

设计步骤：

（1）打开 VC，创建 liti10-2.c 文件。

（2）输入以下代码并编译执行。

```c
#include "stdio.h"
int gcd(int x,int y)          //最大公约数函数
{
    int a,b,r;
    a=x; b=y;
    while((r=b%a)!=0)
    {
        b=a; a=r;
    }
    return(a);
}
int lcd(int u,int v,int h)          //最小公倍数函数
{
    return(u*v/h);
}

main()                    //主函数
{
    int m,n,h,l;
    printf("请输入两个整数： ");
    scanf("%d,%d",&m,&n);
    h=gcd(m,n);
```

```
        printf("%d 和%d 的最大公约数是：%d\n",m,n,h);
        l=lcd(m,n,h);
        printf("%d 和%d 的最小公倍数是：%d\n",m,n,l);
    }
```

（3）运行结果如图 10-2 所示。

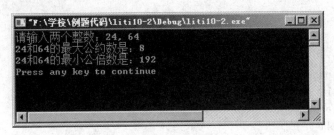

图 10-2 运行结果

（4）错误调试记录。

错误语句	错误代码	错误分析	改正语句

【例题 10.3】编写一个无参函数，能够画出如下图所示的菱形图形，然后用主函数调用这个画图函数输出图形结果。

```
                *
            *   *   *
        *   *   *   *   *
    *   *   *   *   *   *   *
        *   *   *   *   *
            *   *   *
                *
```

问题分析：

该菱形图形共有 7 行，可以分成上面 4 行和下面 3 行两部分来打印输出。注意寻找行数和每行"*"个数之间的函数关系，用行数值来表示"*"个数。最后，还要实现"*"的定位输出，可以用空格实现定位。

设计步骤：

（1）打开 VC，创建 liti10-3.c 文件。

（2）输入以下代码并编译执行。

```
#include <stdio.h>
void draw()                    //画菱形无参函数
{
    int i,j;
    for(i=0;i<=3;i++)
    {
```

```
            for(j=1;j<=3-i;j++)
                printf("   ");
            for(j=1;j<=2*i+1;j++)
                printf("* ");
            printf("\n");
        }
        for(i=2;i>=0;i--)
        {
            for(j=1;j<=3-i;j++)
                printf("   ");
            for(j=1;j<=2*i+1;j++)
                printf("* ");
            printf("\n");
        }
    }
    int main()                        //主函数
    {
        draw();
        return 0;
    }
```

（3）运行结果如图 10-3 所示。

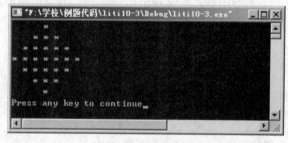

图 10-3　运行结果

（4）错误调试记录。

错误语句	错误代码	错误分析	改正语句

三、典型习题讲解

【习题 10.1】求方程 $ax^2 + bx + c = 0$ 的根，用 3 个函数分别求当 $b^2\text{-}4ac$ 大于 0、等于 0 和小于 0 时的根并输出结果。从主函数输入 a、b、c 的值。

问题分析：

该问题主要是根据 $b^2\text{-}4ac$ 的值来判断方程根的情况，对于三种不同根的情况，分别编写函数，然后通过 if/else 嵌套实现条件分支，以执行不同的函数。

根的四种情况：

（1）a=0，不是二次方程。

（2）$b^2\text{-}4ac = 0$，有两个相等实根。

（3）$b^2\text{-}4ac > 0$，有两个不等实根。

（4）$b^2\text{-}4ac < 0$，有两个共轭复根。应当以 $p + qi$ 和 $p\text{-}qi$ 的形式输出复根。其中，$p = \text{-}b / 2a$，$q = (\sqrt{b^2\text{-}4ac}) / 2a$。

设计步骤：

（1）打开 VC，创建 xiti10-1.c 文件。

（2）输入以下代码并编译执行。

```
#include<stdio.h>
#include<math.h>
void equalrealroot(double a,double b)          //求两个相等的实根
{
    printf("The equation has two equal roots：%8.4f\n",-b/(2*a));
}

void tworoots(double a,double b,double disc)          //求两个不等的实根
{
    double x1,x2;
    x1=(-b+sqrt(disc))/(2*a);
    x2=(-b-sqrt(disc))/(2*a);
    printf("The equation has distinct real roots：%8.4f and %8.4f\n",x1,x2);
}

void imagroots(double a,double b,double disc)          //求共轭复根
{
    double realpart,imagpart;
    realpart=-b/(2*a);
    imagpart=sqrt(-disc)/(2*a);
    printf("The equation has complex roots：\n");
    printf("%8.4f+%8.4fi\n",realpart,imagpart);
    printf("%8.4f-%8.4fi\n",realpart,imagpart);
}

int main()
{
    double a,b,c,disc;
    printf("Please input a,b,c：");
    scanf("%lf,%lf,%lf",&a,&b,&c);
    if(fabs(a)<=1e-6)
        printf("is not a quadratic\n");
    else
    {
        disc=b*b-4*a*c;
```

```
                    if(fabs(disc)<=1e-6)
                        equalrealroot(a,b);
                    else
                        if(disc>1e-6)
                        {
                            tworoots(a,b,disc);
                        }
                        else
                        {
                            imagroots(a,b,disc);
                        }
            }
        return 0;
    }
```

（3）运行结果如图 10-4 所示。

图 10-4　运行结果

【习题 10.2】写一个函数，输入一个 4 位数字，要求输出这 4 个数字字符，但每两个数字间空一个空格。如输入 1990，应输出"1 9 9 0"。

问题分析：

该问题的关键是把 4 位数字的每一位都取出来。取数字的方法有很多，可以从高位向低位取，也可以从低位向高位取。本题可以从低位向高位取，采用逐步除以 10 取余数的方法，可以取出最低位，再将数字缩小 10 倍，再取余数，直到所有位数都取出来为止。

设计步骤：

（1）打开 VC，创建 xiti10-2.c 文件。

（2）输入以下代码并编译执行。

```
#include<stdio.h>
int sws(int x)
{
    int a,b,c,d;
    a=x%10;
    b=x/10%10;
    c=x/100%10;
    d=x/1000;
    printf("%d %d %d %d \n",d,c,b,a);
    return 0;
}
```

```
int main()
{
    int a,b;
    printf("输入一个四位数：");
    scanf("%d",&a);
    b=sws(a);
    return 0;
}
```

（3）运行结果如图 10-5 所示。

图 10-5　运行结果

四、二级考试提高训练

【训练 10.1】下面给定的程序有问题：例如，若 q 的值为 50.0，则函数值为 49.394948。请改正程序中的错误，使程序能输出正确的结果。

给定源程序：

```
#include<stdio.h>
double fun(double q)
{
    int n;
    double s,t;
    n=2;
    s=2.0;
    while(s<=q)
    {
        t=s;
/************found************/
        s=s+(n+1)/n;
        n++;
    }
    printf("n=%d\n",n);
/************found************/
    return s;
}
main()
{
    printf("%f\n",fun(50));
}
```

问题分析：

第 1 处：如果两个整数类型相除，结果仍为整数，则必须转换其中一个数的类型，所以

应改为 "s+=(float)(n+1)/n;"。

第 2 处：返回结果错误，应改为 "return t;"。

【训练 10.2】给定程序中，函数 fun 的功能是根据形参 i 的值返回某个函数的值。当调用正确时，程序输出：

x1=5.000000,x2=3.000000,x1*x1+x1*x2=40.000000

请在程序的下划线处填入正确的内容并把下划线删除，使程序得出正确的结果。

给定源程序：

```
#include<stdio.h>
double f1(double x)
{return x*x;}
double f2(double x,double y)
{return x*y;}
/**********found**********/
__1__fun(int i,double x,double y)
{ if(i==1)
/**********found**********/
        return__2__(x);
    else
/**********found**********/
        return__3__(x,y);
}
main()
{   double x1=5,x2=3,r;
    r=fun(1,x1,x2);
    r+=fun(2,x1,x2);
    printf("\nx1=%f,x2=%f,x1*x1+x1*x2=%f\n\n",x1,x2,r);
}
```

问题分析：

本题是根据给定的公式来计算函数的值。

第 1 处：程序中使用双精度 double 类型进行计算，所以函数的返回值类型也为 double，所以应填 "double"。

第 2 处：当 i 等于 1 时，返回 f1 函数的值，所以应填 "f1"。

第 3 处：如果 i 不等于 1，则返回 f2 函数的值，所以应填 "f2"。

【训练 10.3】请编写一个函数 unsigned fun(unsigned w)，w 是一个 10 到 99999 之间的无符号整数，要求函数能够求出 w 的低 n-1 位的数作为函数值返回。

例如：w 值为 5923 则函数返回 923；w 值为 923 则函数返回 23。

问题分析：

本题的关键是如何获取一个无符号整数的位数。首先，可以通过 if 语句判断给出的数是几位数，再用相应的数值进行取模运算，最后得出的余数就是结果。

程序代码：

```
#include<stdio.h>
unsigned fun(unsigned w)
```

```
    {
        if(w>10000)
            w%=10000;
        else
            if(w>1000)
                w%=1000;
            else
                if(w>100)
                    w%=100;
                else
                    if(w>10)
                        w%=10;
        return w;
    }
    main()
    {
        unsigned x;
        printf("Enter a unsigned integer number：");
        scanf("%u",&x);
        printf("The original data is：%u\n",x);
        if(x<10)
            printf("Data error!");
        else
            printf("The result：%u\n",fun(x));
    }
```

五、习题与思考

1．编写一个函数，对于给定的任意正整数 n（n>2），能够统计所有小于等于 n 的素数的个数，并以素数的个数作为函数值返回。

2．用牛顿迭代法求根。方程为 $ax^3+bx^2+cx+d=0$，系数 a、b、c、d 由主函数输入。求 x 在 1 附近的一个实根。求出根后，由主函数输出。

3．编写一个函数，能够将输入的任意 n 位正整数从低位到高位将每一位数取出，并要求输出每一位数字字符，且每两个数字间空一个空格。如输入 12345，应输出"5 4 3 2 1"。

实验 11　函数（2）

一、实验目的

1．掌握函数的嵌套方法。
2．掌握函数的递归方法。
3．掌握数组作为函数参数的使用方法。

二、实验内容及步骤

【例题 11.1】编写 sum(int m)和 fac(int n)两个函数。其中 fac(int n)函数的功能是求给定正整数 n 的阶乘；sum(int m)函数通过嵌套调用 fac(int n)函数实现求 1 到 m 阶乘的和。例如：求 1！+2！+3！+5！+5！+…+20！。

问题分析：

函数 fac(int n)可以通过循环连乘的方法来实现求阶乘的功能。然后 m 次调用 fac(int n)就可以分别求出 1 到 m 的阶乘，最后累加求和即可。

设计步骤：

（1）打开 VC，创建 liti11-1.c 文件。
（2）输入以下代码并编译执行。

```
#include <stdio.h>
float fac(int i)
{
    float t=1;
    int n=1;
    do
    {
        t=t*n;
        n++;
    }while(n<=i);
    return t;
}
float sum(int n)
{
    int i;
    float s=0;
    for(i=1;i<=n;i++)
        s+=fac(i);
    return (s);
}
int main()
{
```

```
        int m;
        float add;
        printf("请输入 m 的值：");
        scanf("%d",&m);
        add=sum(m);
        printf("add=%f\n",add);
        return 0;
    }
```

（3）运行结果如图 11-1 所示。

图 11-1 运行结果

（4）错误调试记录。

错误语句	错误代码	错误分析	改正语句

【例题 11.2】编写一个递归函数，将一组无序的数组中的元素进行快速排序。

问题分析：

1）将待排序的数据放入数组 a 中，下标从 l 到 R。

2）对数组进行分区处理：取一个分界值 k，将它调整到应该排定的位置，将比 k 大的数都放右边，将比 k 小的数都放左边；

3）此时，k 将原数组分隔成了左右两个子数组，问题就分解成了如何对这两个子数组排序的问题。对这两个子数组递归调用该方法即可。

4）递归结果：任何数左边的数都不大于它，右边的数都不小于它。排序完成。

设计步骤：

（1）打开 VC，创建 liti11-2.c 文件。

（2）输入以下代码并编译执行。

```
#include<stdio.h>
void sort(int array[],int LL,int RR)              //快速排序函数
{
    int L,R,i,k;
    if(LL<RR)
    {   //如果 LL<RR，则做下列 7 件事
        L=LL;R=RR;k=array[L];                     //第 1 件事
        do {                                       //第 2 件事（开始）
            while((L<R)&&(array[R]>=k))
            R=R-1;                                 //（2.1）若右边的元素>=k，使 R 向中间移
```

```
            if(L<R)                          //（2.2）若右边的元素<k，让 array[R]赋给 array[L]，
                                             //同时使 L 向中间移
        {   array[L]=array[R];
            L++;
        }
            while((L<R)&&(array[L]<=k))L=L+1;   //（2.3）左边的元素<=k，让 L 往中间移
            if (L<R)
        {
            array[R]=array[L]; R--;
        }               //（2.4）左边的元素>k，让 array[L]赋给 array[R]
        }while(L!=R);                        //第 2 件事（结束）
        array[L]=k;                          //第 3 件事，k 已排到位
        for(i=LL;i<=RR;i=i+1)                //第 4 件事，输出阶段结果
        printf("a[%d]=%d",i,array[i]);
        printf("\n");                        //第 5 件事，换行
        sort(array,LL,L-1);                  //第 6 件事，排左边部分
        sort(array,L+1,RR);                  //第 7 件事，排右边部分
    }                                        //7 件事结束
}                                            //函数体结束
int main()                                   //主函数开始
{
    int a[10],i;                             //整型变量
    printf("请输入 10 个整数：\n");          //提示信息
    for (i=0;i<10;i=i+1)                     //输入 10 个整数
        scanf("%d",&a[i]);
    sort(a,0,9);                             //调用 sort 函数，实际参数为数组 a 和 0，9
    printf("\n 排序结果为：");
    for (i=0;i<10;i=i+1)
        printf("%d ",a[i]);                  //输出排序结果
    printf("\n");
    return 0;                                //主函数结束
}
```

（3）运行结果如图 11-2 所示。

图 11-2 运行结果

（4）错误调试记录。

错误语句	错误代码	错误分析	改正语句

【例题 11.3】利用递归函数调用方式，将所输入的 5 个字符以相反顺序打印出来。

问题分析：

可以采用 getchar()函数实现输入字符的读取。

设计步骤：

（1）打开 VC，创建 liti11-3.c 文件。

（2）输入以下代码并编译执行。

```c
#include<stdio.h>
void palin(int n)
{
    char next;
    if(n<=1)
    {
        next=getchar();
        printf("\n\0:");
        putchar(next);
    }
    else
    {
        next=getchar();
        palin(n-1);
        putchar(next);
    }
}
main()
{
    int i=5;
    printf("请输入 5 个任意的字符：");
    palin(i);
    printf("\n");
}
```

（3）运行结果如图 11-3 所示。

图 11-3　运行结果

（4）错误调试记录。

错误语句	错误代码	错误分析	改正语句

三、典型习题讲解

【习题 11.1】写一个函数，输入一个十六进制数，输出相应的十进制数。

问题分析：

十六进制数是由字符 0～9 和 a～f 组成，所以可以采用字符数组来表示十六进制数。此外，在十六进制数的各个数位中，若某位数 q 小于等于 9，则转化成十进制数后数字不变；若某位数 q 大于等于 a，则转化成十进制数后的数字是 q-'a'+10。

设计步骤：

（1）打开 VC，创建 xiti11-1.c 文件。

（2）输入以下代码并编译执行。

```c
#include<stdio.h>
long fun(char s[])
{
    int i,t;
    long sum=0;
    for(i=0;s[i];i++)
    {
        if(s[i]<='9') t=s[i]-'0';
        else t=s[i]-'a'+10;
        sum=sum*16+t;
    }
    return sum;
}
main()
{
    long m;
    char s[50];
    printf("请输入十六进制数：");
    scanf("%s",s);
    m=fun(s);
    printf("\n 十进制数为：%ld\n",m);
}
```

（3）运行结果如图 11-4 所示。

图 11-4　运行结果

【习题 11.2】用递归法将一个整数 n 转换成字符串。例如，输入 483，应输出字符串"483"。n 的位数不确定，可以是任意位数的整数。

问题分析：

首先，应考虑到用户输入的整数可负可正。对于正整数，可以直接处理，对于负整数，要首先注意符号的处理，然后将负数转换成整数，以免在自定义的函数内再作额外的考虑。

其次，应该知道的是，字符 0 的 ASCII 码是 48，任意一个一位数加上 48 生成的 ASCII 码对应的字符就是这个任意一位数本身。

设计步骤：

（1）打开 VC，创建 xiti11-1.c 文件。

（2）输入以下代码并编译执行。

```c
#include<stdio.h>
void main()
{
    void c(long int m);
    long int n;
    printf("请输入一个任意整数\n");
    scanf("%ld",&n);
    printf("用递归法将其转换成字符串是：\n");
    if(n<0)
    {putchar('-');
     n*=-1;
    }
    c(n);
    printf("\n");
}
void c(long int m)
{
    long int x;
    x=m/10;
    if(x!=0)
    c(x);
    putchar(m%10+'0');
}
```

（3）运行结果如图 11-5 所示。

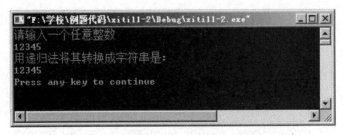

图 11-5　运行结果

四、二级考试提高训练

【训练 11.1】编写函数 fun，它的功能是：求 Fibonacci 数列中大于 t 的最小的一个数，结果由函数返回。其中 Fibonacci 数列 F(n)的定义为：

F(0)＝0，F(1)＝1

F(n)＝F(n-1)＋F(n-2)

例如：当 t=1000 时，函数值为 1597。

给定源程序：

```
#include<math.h>
#include<stdio.h>
int fun(int t)
{
    /**********program**********/

    /********** program **********/
}
main()      //主函数
{   int n;
    n=1000;
    printf("n=%d,f=%d\n",n,fun(n));
}
```

问题分析：

该题是用递归算法求出斐波那契数列中每项的值。给出的程序就是用变量 f、f0 和 f1 来表示递归的过程，将变量 f0 和 f1 最初分别置数列中第 1 项和第 2 项的值 0 和 1，然后进入循环，执行"f=f0+f1;"语句，将所得和值存入 f 中，这就是数列的第 3 项，把 f1 的值移入 f0 中，将 f 的值移入 f1 中，为求数列的下一列做好准备；接着进入下一次循环，通过"f=f0+f1;"语句求得数列的第 4 项，不断重复以上步骤，每重复一次就依次求得数列的下一项，直至某项满足要求为止。

参考答案：

```
int fun( int t )
{
        int f0=0,f1=1,f;
        do{
        f=f0+f1;
        f0=f1;
        f1=f;
        }while(f<t);
        return f;
}
```

【训练 11.2】请编写函数 fun，函数的功能是：移动一维数组中的内容；若数组中有 n 个整数，要求把下标从 0 到 p（含 p，p 小于等于 n-1）的数组元素平移到数组的最后。

例如，一维数组中的原始内容为"1，2，3，4，5，6，7，8，9，10"，p 的值为"3"。移动后，一维数组中的内容应为"5，6，7，8，9，10，1，2，3，4"。

给定源程序：

```
#include<stdio.h>
#define N 80
void fun(int w[],int p,int n)
{
    /**********program**********/

    /********** program **********/
}
main()
{   int a[N]={1,2,3,4,5,6,7,8,9,10,11,12,13,14,15};
    int i,p,n=15;
    printf("The original data：\n");
    for(i=0;i<n; i++)
    printf("%3d",a[i]);
    printf("\n\nEnterp:");
    scanf("%d",&p);
    fun(a,p,n);
    printf("\nThe data after moving：\n");
    for(i=0;i<n; i++)
    printf("%3d",a[i]);
    printf("\n\n");
}
```

问题分析：

本题考查的是一维数组的操作。

1）定义一维数组中间变量 b，把 n 值后面数组中的内容存入 b 中。

2）再把 m 前的数组中的内容存入 b 中。

3）最后把数组 b 的内容依次存放到 w 中。

参考答案：

```
void fun(int w[ ], int p, int n)
{
    int i,j=0,b[N];
    for(i=p+1;i<n;i++)
        b[j++]=w[i];
    for(i=0;i<=p;i++)
        b[j++]=w[i];
    for(i=0;i<n;i++)
        w[i]=b[i];
}
```

　　【训练 11.3】m 个人的成绩存放在 score 数组中，请编写函数 fun，它的功能是：将低于平均分的人数作为函数值返回，将低于平均分的分数放在 below 数组中。

　　例如，当 score 数组中的数据为"10、20、30、40、50、60、70、80、90"时，函数返回的人数应该是 4，below 中的数据应为"10、20、30、40"。

给定源程序：

```c
#include<stdio.h>
#include<string.h>
int fun(int score[ ], int m, int below[ ])
{
/**********program**********/

/********** program **********/

}
main()
{    int i,n,below[9];
     int score[9]={10,20,30,40,50,60,70,80,90};
     n=fun(score, 9, below);
     printf("\nBelow the average score are：");
     for(i=0;i<n;i++)
         printf("%d ",below[i]);
         printf("\n");
}
```

问题分析：

本题是计算平均成绩，再把低于平均成绩的分数依次存入数组 below 中。

参考答案：

```c
int fun( int score[ ], int m, int below[ ])
{
float av=0.0;
int i,j=0;
for(i=0;i<m;i++)
     av+=score[i];
av/=m;
for(i=0;i<m;i++)
     if(av>score[i])
          below[j++]=score[i];
return j;
}
```

五、习题与思考

1. 有一头母牛，当年年初生一头小母牛。每头小母牛出生第四年的年初（算当年，即三年后）也生一头小母牛，问 20 年后共有多少头母牛。

问题分析：

记住不同年的母牛的数目：

初始状态：Y1=2；Y2=3；Y3=4；Y4=Y3+Y1。

每过一年，牛的数目发生变化：Y1=Y2；Y2=Y3；Y3=Y4。

2. 某人摘下一些桃子，第一天卖掉一半，又吃了一个，第二天卖掉剩下的一半，又吃了一个，以后各天都是如此处理，到第 n 天发现只剩下一只桃子，编写递归函数，n 是参数，返回值是一共摘的桃子数。

3．编写一个函数，实现堆排序。

问题分析：

n 个元素的序列 {k1,k2,…,kn} 当且仅当满足下列关系时，称为堆。

1）ki<=k2i   ki<=k2i+1   （i=1,2,…,n/2）

2）ki>=k2i   ki>=k2i+1   （i=1,2,…,n/2）

堆排序思路：该排序是建立在树形选择排序基础上的，将待排序列建成堆（初始堆生成）后，序列的第一个元素（堆顶元素）就一定是序列中的最大元素；将其与序列的最后一个元素交换，将序列长度减一；再将序列建成堆（堆调整）后，堆顶元素仍是序列中的最大元素，再次将其与序列最后一个元素交换并缩短序列长度；反复此过程，直至序列长度为一，所得序列即为排序后结果。

实验 12　函数综合应用

一、实验目的

1. 进一步理解并掌握函数的概念、参数传递及函数的调用方法。
2. 掌握变量、数组和函数的综合程序设计。

二、实验内容及步骤

【例题 12.1】对任意输入的 x，根据下列的分段函数计算并输出 y 的值。

$$y = \begin{cases} x & x \leqslant -10 \\ 2x-3 & -10 < x < 10 \\ 3x-7 & x \geqslant 10 \end{cases}$$

问题分析：

本题的思路是：在主函数中输入变量 x 的值，并将 x 的值传递给自定义函数 fun()，然后在自定义函数 fun()中计算变量 y 的值，并将变量 y 的值返回主函数 main()，最后在主函数中输出 y 的值。

设计步骤：

（1）打开 VC，创建 liti12-1.c 文件。

（2）输入以下代码并编译执行。

```
#include "stdio.h"
int main()
{   int fun(int n);
    int x,y;
    printf("x=");
    scanf("%d",&x);
    y=fun(x);
    printf("y=%4d\n",y);
    return 0;
}
int fun(int n)
{   int m;
    if(n<=-10)
        m=n;
    else if(n>-10 && n<10)
        m=2*n-3;
    else
        m=3*n-7;
    return m;
}
```

（3）运行结果如图 12-1 所示。

图 12-1　运行结果

（4）错误调试记录。

错误语句	错误代码	错误分析	改正语句

【例题 12.2】编写自定义函数 fun 判断一个三位数 n 是不是水仙花数，并利用函数 fun 求出所有的水仙花数。所谓水仙花数是一个 3 位数，其各位数字的立方和等于该数本身。例如 $153=1^3+5^3+3^3$，故 153 是一个水仙花数。

问题分析：

本题的思路是：在主函数中对 100～999 之间的每一个数 n，通过调用 fun()函数将 n 的值传递给自定义函数 fun()，然后在自定义函数 fun()中计算三位数 n 的各位数字的立方和 s 的值，并将变量 s 的值返回主函数 main()，最后在主函数中判断 s 和 n 是否相等，若相等则 n 是水仙花数，否则 n 不是水仙花数。

设计步骤：

（1）打开 VC，创建 liti12-2.c 文件。

（2）输入以下代码并编译执行。

```
#include <stdio.h>
int main()
{
    int n,s;
    for(n=100;n<1000;n++)
    {   s=fun(n);
        if(s==n)
        printf("%5d",n);
    }
    printf("\n");
    return 0;
}

int fun(int n)
{
    int d,s=0;
    while (n>0)
        {   d=n%10;
```

```
        s=s+d*d*d;
        n/=10;
    }
    return s;
}
```

（3）运行结果如图 12-2 所示。

图 12-2　运行结果

（4）错误调试记录。

错误语句	错误代码	错误分析	改正语句

【例题 12.3】编写自定义函数 fun()，计算公式的值：$y=1/2!+1/4!+\cdots+1/m!$（m 是偶数）。

问题分析：

本题的思路是：在主函数中输入变量 m 的值，并将 m 的值传递给自定义函数 fun()，然后在自定义函数 fun()中计算变量 y 的值，并将变量 y 的值返回主函数 main()，最后在主函数中输出 y 的值。

设计步骤：

（1）打开 VC，创建 liti12-3.c 文件。

（2）输入以下代码并编译执行。

```
#include "stdio.h"
int main()
{   double fun(int m);
    int n;
    double y;
    printf("Enter n: ");
    scanf("%d", &n);
    y=fun(n);
    printf("\nThe result is %6.4f\n", y);
    return 0;
}
double fun(int m)
{   int i,j;
    double t,y=0.0;
    for (i=2;i<=m;i=i+2)
    {   t=1;
        for(j=1;j<=i;j++)
```

```
            t=t*j;
          y=y+1.0/t;
      }
      return y;
  }
```

（3）运行结果如图 12-3 所示。

图 12-3　运行结果

（4）错误调试记录。

错误语句	错误代码	错误分析	改正语句

【例题 12.4】编写自定义函数 fun，在 fun 中用比较法对 10 个整型数据按由大到小的顺序排序，待排序的 10 个数据由主函数提供，并在主程序中输出排序结果。

问题分析：

本题的思路是：定义主函数 main，在主函数中从键盘输入 10 个整型数据，然后在主函数中调用自定义函数 fun 按照由大到小的顺序排序，最后在主函数中输出排序结果。所谓由大到小的比较排序就是在函数 fun 中将 a[0] 与后面的所有数进行比较，只要后面的数比 a[0] 大，就将后面的数与 a[0] 交换，这样，对于 10 个整型数据，第一轮只要比较 9 次，就可将 10 个数据中的最大值交换到 a[0] 中；然后进行第二轮，将 a[1] 与后面的所有数进行比较，，将 10 个数据中的第 2 大的值交换到 a[1] 中。依此类推，对于 10 个数据只要进行 9 轮比较就可完成排序。

设计步骤：

（1）打开 VC，创建 liti12-4.c 文件。

（2）输入以下代码并编译执行。

```
#include "stdio.h"
int main()
{   int fun(int array[], int n);
    int a[10],i;
    printf("请输入十个整数：\n");
    for (i=0;i<10;i++)
      scanf("%d",&a[i]);
    fun(a,10);
    printf("由大到小的排序结果是：\n");
    for (i=0;i<10;i++)
      printf("%4d",a[i]);
```

```
        printf("\n");
        return 0;
    }

    int fun(int array[], int n)
    {
        int i,j,t;
        for (i=0;i<n-1;i++)
            for (j=i+1;j<n;j++)
                if (array[i]<array[j])
                {
                    t=array[i];
                    array[i]=array[j];
                    array[j]=t;
                }
    }
```

（3）运行结果如图 12-4 所示。

图 12-4　运行结果

（4）错误调试记录。

错误语句	错误代码	错误分析	改正语句

【例题 12.5】利用自定义函数 fun 求一个二维整型数组的最大值及其位置（如果最大值不唯一，选择位置在最前面的一个）。例如：若输入的数组如下，则最大值为 53，行坐标为 2，列坐标为 1。

```
        8    6    31
        14   15   27
        12   53   13
        2    39   41
```

问题分析：

本题的思路是：求一个二维数组的最大值及其位置的设计思想在前面的实验中已经接触过，不同的是本题要求用自定义函数求最大值。首先定义主函数 main()，在主函数中从键盘输入一个二维数组，然后在主函数中调用自定义函数 fun 求最大值及其位置，最后在主函数中输出最大值及其位置。

设计步骤：

（1）打开 VC，创建 liti12-5.c 文件。

（2）输入以下代码并编译执行。

```c
#define N 4
#define M 3
#include <stdio.h>
int Row,Col;

int main()
{   int fun(int array[N][M]);
    int a[N][M],i,j,max,row,col;
    printf("input a array:\n");
    for(i=0;i<N;i++)
      for(j=0;j<M;j++)
        scanf("%d",&a[i][j]);
      for(i=0;i<N;i++)
      {
        for(j=0;j<M;j++)
          printf("%4d",a[i][j]);
          printf("\n");
      }
    max=fun(a);
    printf("max=%d,row=%d,col=%d\n",max,Row,Col);
    return 0;
}

int fun(int array[N][M])
{
    int max,i,j;
    max=array [0][0];
    Row=0;
    Col=0;
    for(i=0;i<N;i++)
      for(j=0;j<M;j++)
        if(array [i][j]>max)
          {   max=array [i][j];
              Row=i;
              Col=j;
          }
    return max;
}
```

（3）运行结果如图 12-5 所示。

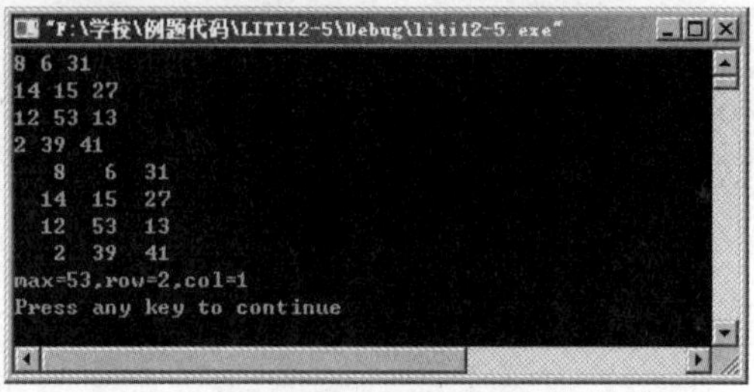

图 12-5 运行结果

（4）错误调试记录。

错误语句	错误代码	错误分析	改正语句

三、典型习题讲解

【习题 12.1】从键盘上输入一个字符串，利用自定义函数统计字符串的长度（要求不用 strlen 函数）。

问题分析：

本题的思路是：在主函数中输入一个字符串存放在字符数组中，并将该字符数组的值传递给自定义函数 fun()，然后在自定义函数 fun()中统计字符数组中字符的个数，并将字符个数返回主函数 main()，最后在主函数中输出字符的个数。

设计步骤：

（1）打开 VC，创建 xiti12-1.c 文件。

（2）输入以下代码并编译执行。

```
#include "stdio.h"
#include "string.h"
int main()
{   int fun(char string[81]);
    char string[81];
    int len;
    printf("please input：\n");
    gets(string);
    printf("%s\n",string);
    len=fun(string);
    printf("the string length：%4d\n",len);
    return 0;
}

int fun(char string[81])
{
    int n=0,i;
    for(i=0;string[i]!='\0';i++)
```

```
        n++;
      return n;
    }
```

（3）运行结果如图 12-6 所示。

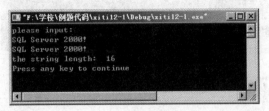

图 12-6　运行结果

【习题 12.2】利用比较法在自定义函数 fun 中对字符串进行由大到小的排序。

问题分析：

本题的思路是：在主函数中输入一个字符串存放在字符数组 string 中，并将该字符数组的值传递给自定义函数 fun()，然后在自定义函数 fun() 中对字符数组进行由大到小的排序，最后在主函数中输出已排序的字符数组。

设计步骤：

（1）打开 VC，创建 xiti12-2.c 文件。

（2）输入以下代码并编译执行。

```c
#include "stdio.h"
#include "string.h"
int main()
{    int fun(char s[],int len);
     int i,len=0;
     char string[81];
     printf("please input：\n");
     gets(string);
     printf("%s\n",string);
     for(i=0;string[i]!='\0';i++)
         len++;
     fun(string,len);
     printf("%s\n",string);
     return 0;
}

int fun(char s[],int len)
{
     int i,j;
     char t;
     for(i=0;i<len-1;i++)
         for(j=i+1;j<=len-1;j++)
             if(s[i]<s[j])
                 { t=s[i];s[i]=s[j];s[j]=t;}
     return 0;
}
```

（3）运行结果如图 12-7 所示。

图 12-7　运行结果

【习题 12.3】编程实现从一个字符串中删除一个子字符串。提示：编写自定义函数 fun(str,i,n)，从字符串 str 中删除第 i 个字符开始的连续 n 个字符（设定字符串从 str[0]开始存储）。

问题分析：

本题的思路是：在主函数中输入字符数组 str、起始位置 i 以及删除的字符个数 n 的值，在自定义函数 fun()中实现对子字符串的删除，最后在主函数中输出已删除子字符串的字符数组。

设计步骤：

（1）打开 VC，创建 xiti12-3.c 文件。

（2）输入以下代码并编译执行。

```c
#include "stdio.h"
#include "string.h"
void fun(char str[],int i,int n)
{
 while(str[i+n-1]!='\0')
   {
    str[i-1]=str[i+n-1];
    i++;
   }
 str[i-1]='\0';
}
int main()
{
 char str[81];
 int i,n;
 printf("请输入 str 的值：");
 scanf("%s",str);
 printf("请输入 i 的值：");
 scanf("%d",&i);
 printf("请输入 n 的值：");
 scanf("%d",&n);

 while ((i+n-1) > strlen(str))
 {
   printf("子字符串的长度大于 str 的长度\n");
   printf("请输入 i 的值：");
   scanf("%d",&i);
   printf("请输入 n 的值：");
   scanf("%d",&n);
 }
```

```
       fun(str,i,n);
       printf("删除子串后的 str 值：%s\n",str);
       return 0;
    }
```

（3）运行结果如图 12-8 所示。

图 12-8　运行结果

【习题 12.4】利用自定义函数 fun 求一个二维数组 a[M][N]中每一列的最大值，并将每列的最大值存放在一个一维数组 b[N]中。

问题分析：

本题的思路是：在主函数中定义一个二维数组 a[M][N]并赋值，同时定义一个一维数组 b[N]用来保存每列的最大值，将 a、b 数组作为函数参数传递给自定义函数 fun，在自定义函数 fun 中求出每一列的最大值并存入 b 数组，最后在主函数中输出 b 数组的值，即二维数组中每一列的最大值。

设计步骤：

（1）打开 VC，创建 xiti12-4.c 文件。

（2）输入以下代码并编译执行。

```c
#include<stdio.h>
#define M 3
#define N 4
void fun(int a[M][N],int b[N])
{
    int i,j;
    for(j=0;j<N;j++)
      {
        b[j]=a[0][j];
        for(i=1;i<M;i++)
          if(a[i][j]>b[j])   b[j]=a[i][j];
      }
}

int main()
{   void fun(int a[M][N],int b[N]);
    int a[M][N]={{24,31,65,6},{52,78,5,72},{91,25,38,46}};
    int b[N]={0};
    int i,j,k;
    printf("data：\n");
    for(i=0;i<M;i++)
```

```
    {
        for(j=0;j<N;j++)
            printf("%6d",a[i][j]);
        printf("\n");
    }
    fun(a,b);
    printf("\nmax：\n");
    for(k=0;k<N;k++)
        printf("%4d",b[k]);
    printf("\n");
    return 0;
}
```

（3）运行结果如图 12-9 所示。

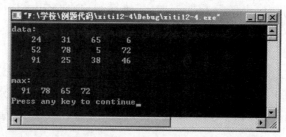

图 12-9　运行结果

四、二级考试提高训练

【训练 12.1】编写函数 fun，使其计算如下公式的值：

$$y=1+1/3+1/5+1/7+\cdots+1/(2m+1)。$$

问题分析：

本题的思路是：在主函数中输入变量 m 的值，并将 m 的值传递给自定义函数 fun()，然后在自定义函数 fun() 中计算变量 y 的值，并将变量 y 的值返回主函数 main()，最后在主函数中输出 y 的值。

设计步骤：

（1）打开 VC，创建 xunlian12-1.c 文件。

（2）输入以下代码并编译执行。

```
#include "stdio.h"
double fun(int m)
{
    double s=0;
    int i;
    for(i=0; i<=m; i++)
        s=s+1.0/(2*i+1);
    return s;
}

int main()
```

```
{   double fun(int m);
    int m;
    double y;
    printf("input  m: ");
    scanf("%d", &m);
    y=fun(m);
    printf("\ny=%8.6f\n", y);
    return 0;
}
```

（3）运行结果如图 12-10 所示。

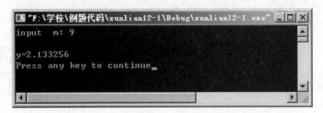

图 12-10　运行结果

【训练 12.2】利用自定义 fun 求一个多位数 m 的各位数字的立方和。

问题分析：

本题的思路是：在主函数中输入整型变量 m 的值，并将 m 的值传递给自定义函数 fun()，然后在自定义函数 fun()中分离出各位数字并计算各位数字的立方和，并将计算结果返回主函数 main()，最后在主函数中输出各位数字的立方和的值。

设计步骤：

（1）打开 VC，创建 xunlian12-2.c 文件。

（2）输入以下代码并编译执行。

```
#include "stdio.h"
int fun(int m)
{   int d,s=0;
    while (m>0)
    {   d=m%10;
        s+=d*d*d;
        m/=10;
    }
    return s;
}

int main()
{   int fun(m);
    int m,s;
    printf("m=");
    scanf("%d",&m);
    s=fun(m);
    printf("k=%d\n",s);
    return 0;
}
```

（3）运行结果如图 12-11 所示。

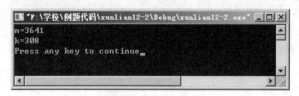

图 12-11　运行结果

【训练 12.3】在键盘上输入一个 3×3 的二维数组，利用自定义函数 fun 求二维数组的第一行与第三行的各元素之和。

问题分析：

本题的思路是：在主函数中输入一个 3×3 的二维数组，将该二维数组的值传送给自定义函数 fun，在 fun 中将二维数组的第一行和第三行的各个元素累加起来，最后在主函数中输出累加和。

设计步骤：

（1）打开 VC，创建 xunlian12-3.c 文件。

（2）输入以下代码并编译执行。

```c
#include "stdio.h"
int fun(int a[3][3])
{   int j,sum;
    sum=0;
    for(j=0;j<3;j++)
        sum=sum+a[0][j]+a[2][j];
    return sum;
}


int main()
{   int fun(int a[3][3]);
    int i,j,s,a[3][3];
    for(i=0;i<3;i++)
        for(j=0;j<3;j++)
            scanf("%d",&a[i][j]);
    s=fun(a);
    printf("Sum=%d\n",s);
    return 0;
}
```

（3）运行结果如图 12-12 所示。

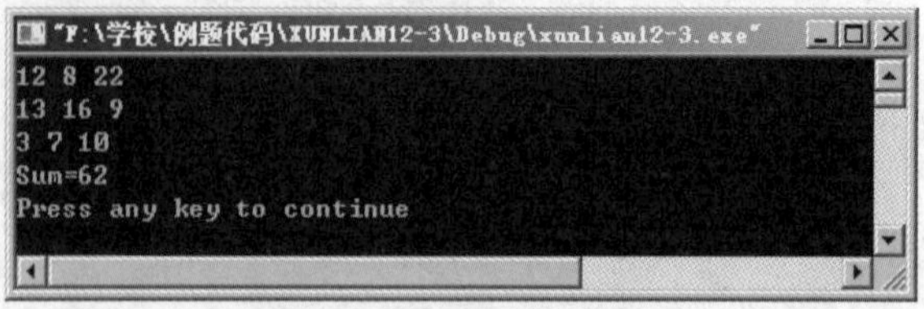

图 12-12　运行结果

五、习题与思考

1. 利用随机函数 rand()产生 12 个[30,90]上的随机整数放入二维数组 a[3][4]中，求其中的最小值。注：n=rand()%(Y-X+1)+X；n 为 X～Y 之间的随机数。

2. 在键盘上输入一个 3×3 矩阵的各个元素的值，然后输出主对角线元素的积，并在 fun()函数中输出。

3. 找出一批正整数中的最大的奇数。

实验 13　指针（1）

一、实验目的

1. 掌握指针、地址、指针类型、void 指针、空指针等概念。
2. 熟练掌握指针变量的定义和初始化。
3. 掌握指针的加减运算和指针表达式。

二、实验内容及步骤

【例题 13.1】输入两个整数，并使其从大到小输出，用指针变量实现数的比较。

问题分析：

在前面的内容中有两个整数变量进行比较输出的题目，本题使用指针变量实现数的比较输出，使用临时指针变量使得指针指向进行互换。本题思路是：在主函数中输入变量 x 的值，并将 x 的值传递给自定义函数 fun()，然后在自定义函数 fun() 中计算变量 y 的值，并将变量 y 的值返回主函数 main()，最后在主函数中输出 y 的值。

设计步骤：

（1）打开 VC，创建 liti13-1.c 文件。

（2）输入以下代码并编译执行。

```
#include <stdio.h>
void main( )
{
    int *p,*p1,*p2,a,b;
    scanf("%d,%d",&a,&b);
    p1=&a;
    p2=&b;
    if(a < b)
    {
        p=p1;
        p1=p2;
        p2=p;
    }
    printf("a=%d,b=%d\n",a,b);
    printf("max=%d,min=%d\n",*p1,*p2);
}
```

（3）编译运行，输入数据"55,78"，运行结果如图 13-1 所示。

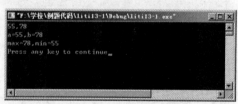

图 13-1　运行结果

（4）错误调试记录。

错误语句	错误代码	错误分析	改正语句

【例题 13.2】 输入两个整数，并使其从大到小输出，用函数实现数的交换。

问题分析：

本题主要考查以指针变量作为函数参数的参数传递过程。

设计步骤：

（1）打开 VC，创建 liti13-2.c 文件。

（2）输入以下代码并编译执行。

```
#include <stdio.h>
void swap(int *p1,int *p2)
{
    int p;
    p=*p1;
    *p1=*p2;
    *p2=p;
}
void main()
{
    int a,b;
    int *p,*q;
    scanf("%d,%d",&a,&b);
    p=&a;
    q=&b;
    if(a<b)
    {
        swap(p,q);
    }
    printf("\n%d,%d\n",a,b);
}
```

（3）编译运行，输入数据"55,78"，运行结果如图 13-2 所示。

图 13-2　运行结果

（4）错误调试记录。

错误语句	错误代码	错误分析	改正语句

【例题 13.3】用指针法输入 12 个数，然后按每行 4 个数输出。

问题分析：

定义一个整型数组和一个整型指针，这样通过数组就可以静态分配内存空间，存储数据；然后将指针与数组相关，使指针指向与数组相同的首地址处，这样就可以通过指针或者数组都可以对存储空间加以操作。

设计步骤：

（1）打开 VC，创建 liti13-3.c 文件。

（2）输入以下代码并编译执行。

```
#include <stdio.h>
void main()
{
    int j,k,a[12],*p;
    p=a;                        //使指针 p 指向与数组 a 相同的首地址处

    for(j=0;j<12;j++)
        scanf("%d",p++);        //移动 p 的位置，输入数据

    p=a;                        //指针重定位
    for(j=0;j<12;j++)
    {
        if(j%4==0)
            printf("\n");       //按每行 4 个输出
        printf("%4d",*p++);
    }
    printf("\n");
}
```

（3）运行结果如图 13-3 所示。

图 13-3 运行结果

（4）错误调试记录。

错误语句	错误代码	错误分析	改正语句

三、典型习题讲解

【习题 13.1】输入 3 个整数，按由小到大的顺序输出。

问题分析：

本题主要利用指针进行两两比较，并通过指针进行数据交换。

设计步骤：

（1）打开 VC，创建 xiti13-1.c 文件。

（2）输入以下代码并编译执行。

```c
#include <stdio.h>
int main()
{
    void swap(int *p1,int *p2);
    int n1,n2,n3;
    int *p1,*p2,*p3;
    printf("input three integer n1,n2,n3:");
    scanf("%d,%d,%d",&n1,&n2,&n3);
    p1=&n1;
    p2=&n2;
    p3=&n3;
    if(n1>n2)
        swap(p1,p2);
    if(n1>n3)
        swap(p1,p3);
    if(n2>n3)
        swap(p2,p3);
    printf("Now, the order is：%d,%d,%d\n",n1,n2,n3);
    return 0;
}
void swap(int *p1,int *p2)
{
    int p;
    p=*p1;
    *p1=*p2;
    *p2=p;
}
```

（3）运行结果如图 13-4 所示。

图 13-4　运行结果

【习题 13.2】输入 10 个整数，将其中最小的数与第一个数对换，把最大的数与最后一个数对换。编写以下函数完成功能：

（1）void input(int *number)函数，完成 10 个数的输入功能。

（2）void max_min_value(int *number)函数，完成对最小数和最大数位置的对换功能。

（3）void output(int *number)函数，完成对 10 个数的输出功能。

问题分析：

遍历数组中的每一个数，在循环内部进行 if 函数的比较，并判断执行是否进行交换。

设计步骤：

（1）打开 VC，创建 xiti13-2.c 文件。

（2）输入以下代码并编译执行。

```c
#include <stdio.h>
int main()
{
    void input(int *);
    void max_min_value(int *);
    void output(int *);
    int number[10];
    input(number);
    max_min_value(number);
    output(number);
    return 0;
}
void input(int *number)
{
    int i;
    printf("input 10 numbers：");
    for(i=0;i<10;i++)
        scanf("%d",&number[i]);
}
void max_min_value(int *number)
{
    int *max,*min,*p,temp;
    max=min=number;
    for(p=number+1;p<number+10;p++)
        if(*p>*max)
            max=p;
        else if(*p<*min)
            min=p;
    temp=number[0];
    number[0]=*min;
    *min=temp;
    if(max==number)
        max=min;
    temp=number[9];
    number[9]=*max;
    *max=temp;
```

```
}
void output(int *number)
{
    int *p;
    printf("Now, they are：        ");
    for(p=number;p<number+10;p++)
        printf("%d ",*p);
    printf("\n");
}
```

（3）运行结果如图 13-5 所示。

图 13-5　运行结果

四、二级考试提高训练

【**训练 13.1**】请编写函数 fun，函数的功能是：统计各年龄段的人数。N 个年龄通过调用随机函数获得，并放在主函数的 age 数组中；要求函数把 0 至 9 岁年龄段的人数放在 d[0] 中，把 10 至 19 岁年龄段的人数放在 d[1] 中，把 20 至 29 岁年龄段的人数放在 d[2] 中，其余依此类推，把 100 岁（含 100）以上年龄的人数都放在 d[10] 中。结果在主函数中输出。

注意：部分源程序在文件 PROG1.C 中。

请勿改动主函数 main 和其他函数中的任何内容，仅在函数 fun 的花括号中填入所编写的若干语句。

给定源程序：

```
#include <stdio.h>
#define N 50
#define M 11
void fun(int *a, int *b)
{

}
double rnd()
{
static t=29,c=217,m=1024,r=0;
r=(r*t+c)%m; return((double)r/m);
}
main()
{
int age[N], i, d[M];void NONO (int d[M]);
for(i=0; i<N;i++)age[i]=(int)(115*rnd());
printf("The original data：\n");
for(i=0;i<N;i++) printf((i+1)%10==0?"%4d\n":"%4d",age[i]);
```

```
printf("\n\n");
fun(age, d);
for(i=0;i<10;i++)printf("%4d---%4d : %4d\n",i*10,i*10+9,d[i]);
printf("Over 100：%4d\n",d[10]);
NONO(d);
}
void NONO(int d[M])
{
//请在此函数内打开文件，输入测试数据，调用 fun 函数，输出数据，关闭文件
  FILE *wf; int i;
  wf = fopen("out.dat","w");
  for(i = 0; i < 10; i++) fprintf(wf, "%4d---%4d：%4d\n", i*10, i*10+9, d[i]);
  fprintf(wf, " Over 100：%4d\n", d[10]);
  fclose(wf);
}
```

问题分析：

题目主要考查对指针定义的理解和基本使用。二级考试中常见的著名函数 NONO 及相关的程序，大家可以不去管它，并且注意不要删除其中内容。因为这个是系统评阅试卷的一个函数。如果没有它评卷将会不成功。

设计步骤：

（1）打开 VC。

（2）执行"文件"→"打开"命令，打开 PROG1.C 文件。

（3）找到 fun 函数，编写代码如下。

```
void fun( int *a, int *b)
{
    int i, j;
    for(i = 0; i < M; i++) b[i] = 0;
    for(i = 0; i < N; i++)
    {
        j = a[i] / 10;
        if(j > 10) b[M - 1]++; else b[j]++;
    }
}
```

（4）运行结果如图 13-6 所示。

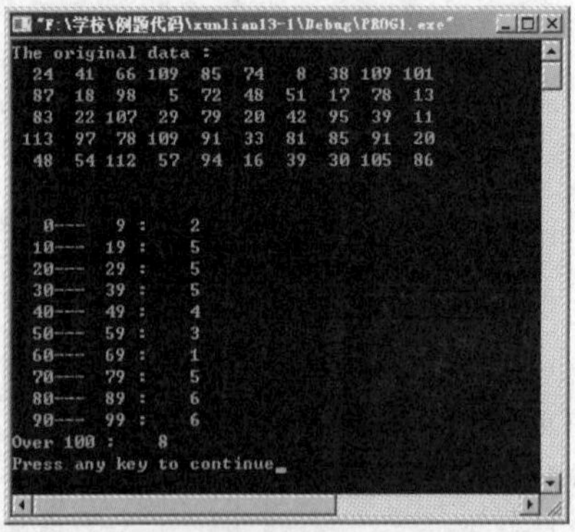

图 13-6　运行结果

【训练 13.2】请编写一个函数 fun，它的功能是：计算 n 门课程的平均分，计算结果作为函数值返回。例如：若有 5 门课程的成绩是 "90.5, 72, 80, 61.5, 55"；则函数的值为 71.80。

注意：部分源程序存在文件 PROG1.C 中。

请勿改动主函数 main 和其他函数中的任何内容，仅在函数 fun 的花括号中填入所编写的若干语句。

给定源程序：

```
#include <stdio.h>
float fun (float *a , int n)
{

}
main()
{
    float score[30]={90.5, 72, 80, 61.5, 55}, aver;
    void NONO ();
    aver = fun(score, 5);
    printf("\nAverage score is： %5.2f\n", aver);
    NONO ();
}
void NONO ()
{
//本函数用于打开文件，输入数据，调用函数，输出数据，关闭文件
    FILE *fp, *wf;
    int i, j;
    float aver, score[5];
    fp = fopen("in.dat","r");
    wf = fopen("out.dat","w");
    for(i = 0; i < 10; i++) {
    for(j = 0; j < 5; j++) fscanf(fp,"%f",&score[j]);
    aver = fun(score, 5);
    fprintf(wf, "%5.2f\n", aver);
    }
    fclose(fp);
    fclose(wf);
}
```

问题分析：

题目主要考查对指针作为函数参数及参数传递过程的理解和基本使用。

设计步骤：

（1）打开 VC。

（2）执行 "文件" → "打开" 命令，打开 PROG1.C 文件。

（3）找到 fun 函数，编写代码如下。

```
float fun (float *a , int n)
{
    int i;
    float ave=0.0;
```

```
        for(i=0; i<n; i++)ave=ave+a[i];
        ave=ave/n;
        return ave;
}
```

（4）保存并调试，运行结果如图 13-7 所示。

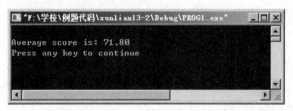

图 13-7　运行结果

【训练 13.3】请编写一个函数 fun，它的功能是：求出 1 到 m 之间（含 m）能被 7 或 11 整除的所有整数并放在数组 a 中，然后通过 n 返回这些数的个数。例如，若传送给 m 的值为 50，则程序输出：7 11 14 21 22 28 33 35 42 44 49。

注意：部分源程序存在文件 PROG1.C 中。

请勿改动主函数 main 和其他函数中的任何内容，仅在函数 fun 的花括号中填入所编写的若干语句。

给定源程序：

```
#include <stdio.h>
#define M 100
void fun (int m, int *a , int *n)
{
}
main()
{
    int aa[M], n, k;
    void NONO ();
    fun (50, aa, &n);
    for (k = 0; k < n; k++)
    if((k+1)%20==0) printf("\n");
    else printf("%4d", aa[k]);
    printf("\n");
    NONO();
}
void NONO ()
{
    //本函数用于打开文件，输入数据，调用函数，输出数据，关闭文件
    FILE *fp, *wf;
    int i, n, j, k, aa[M], sum;
    fp = fopen("in.dat","r");
    wf = fopen("out.dat","w");
    for(i = 0; i < 10; i++) {
    fscanf(fp, "%d,", &j);
    fun(j, aa, &n);
```

```
        sum = 0;
        for(k = 0; k < n; k++) sum+=aa[k];
        fprintf(wf, "%d\n", sum);
        }
    fclose(fp);
    fclose(wf);
    }
```

问题分析：

题目主要考查指针的定义、初始化和指针增减等操作。

设计步骤：

（1）打开 VC。

（2）执行"文件"→"打开"命令，打开"PROG1.C"文件。

（3）找到 fun 函数，编写代码如下。

```
    void fun (int m, int *a , int *n)
    {
        int i;
        *n=0;
        for(i=7; i<=m; i++)
        if((i % 7 == 0) || (i % 11 == 0)) a[(*n)++]=i;
    }
```

（4）保存并调试，运行结果如图 13-8 所示。

图 13-8　运行结果

五、习题与思考

1．编写程序：有 n 个整数，使其前面各数顺序向后移 m 个位置，最后 m 个数变成最前面的 m 个数。

2．输入一个八进制数，编一程序将其转化为十进制输出。

3．编程求由数字 0~7 所能组成的奇数个数。

4．编程求 100 之内的素数及素数的个数。

5．请编写程序验证哥德巴赫猜想，即一个偶数总能表示为两个素数之和。

6．某个公司采用公用电话传递数据，数据是四位的整数，在传递过程中是加密的，加密规则如下：每位数字都加上 5，然后用和除以 10 的余数代替该数字，再将第一位和第四位交换，第二位和第三位交换。请编写一程序实现上述功能。

7．程序设计：请输入星期几的第一个字母来判断一下是星期几，如果第一个字母一样，则继续判断第二个字母。例如，输入"M"即直接输出 MONDAY。如果输入"S"或者"T"则需要再等下一个字母输入后输出周几，若第一个输入"S"，第二个输入"U"，则直接输出 SUNDAY。

实验 14   指针（2）

一、实验目的

1. 进一步理解指针的概念，掌握其在数组和字符串中的应用。
2. 能正确使用数组的指针和指向数组的指针变量。
3. 能正确使用字符串的指针和指向字符串的指针变量。

二、实验内容及步骤

【例题 14.1】输入年份和天数，输出对应的年、月、日。要求定义和调用函数 month_day (year, yearday, *pmonth, *pday)，其中 year 是年，yearday 是天数，*pmonth 和*pday 是计算得出的月和日。例如，输入 2000 和 61，输出 2000-3-1，即 2000 年的第 61 天是 3 月 1 日。

问题分析：

本例题内容曾经在实验 4 中出现过，算法请参阅"训练 4.3"，本题主要考查使用指针作为函数参数并返回多个函数值。

设计步骤：

（1）打开 VC，创建 liti14-1.c 文件。
（2）输入以下代码并编译执行。

```
# include <stdio.h>
int main (void)
{
    int day, month, year, yearday;                      //定义代表日、月、年和天数的变量
    void month_day(int year,int yearday, int *pmonth,int *pday);   //声明计算月、日的函数

    printf("input year and yearday: ");                 //提示输入数据：年和天数
    scanf ("%d%d", &year, &yearday );
    month_day (year, yearday, &month, &day );           //调用计算月、日的函数
    printf ("%d-%d-%d \n", year, month, day );

    return 0;
}
void month_day ( int year, int yearday, int * pmonth, int * pday)
{
    int k, leap;
    int tab [2][13]= {
        {0, 31, 28, 31, 30, 31, 30, 31, 31, 30, 31, 30, 31 },
        {0, 31, 29, 31, 30, 31, 30, 31, 31, 30, 31, 30, 31 },
    };  //定义数组存放非闰年和闰年每个月的天数

    leap=year%4==0 && year% 100!= 0 || year%400==0;    //建立闰年判别条件 leap
```

//如果 leap＝1，表示为闰年，从 tab[1][k]中取 k 月的天数；否则为非闰年

```
    for ( k=1; yearday>tab[leap][k]; k++)
        yearday -= tab [leap][k];
    * pmonth = k;
    *pday = yearday;
}
```

（3）编译运行，输入数据"2013　66"，运行结果如图 14-1 所示。

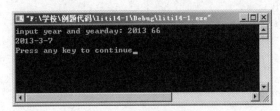

图 14-1　运行结果

（4）错误调试记录。

错误语句	错误代码	错误分析	改正语句

【例题 14.2】输入 n 个正整数，将它们从小到大排序后输出。要求使用冒泡排序算法。

设计步骤：

（1）打开 VC，创建 liti14-2.c 文件。

（2）输入以下代码并编译执行。

```
#include <stdio.h>
void swap2 (int *, int *);
void bubble (int a[], int n);
int main(void)
{
    int n, a[8];
    int i;

    printf("Enter n (n<=8)：");
    scanf("%d", &n);
    printf("Enter a[%d]：",n);
    for (i=0; i<n;i++)
        scanf("%d",&a[i]);
    bubble(a,n);

    printf("After sorted, a[%d] = ", n);
    for (i=0; i<n; i++)
        printf("%3d",a[i]);
```

```
    return 0;
}

void bubble (int a[], int n)          //n 是数组 a 中待排序元素的数量
{
    int   i, j;

    for( i = 1; i < n; i++)           //外部循环
        for (j = 0; j < n-i; j++ )    //内部循环
            if (a[j] > a[j+1])                 //比较两个元素的大小/
                swap2 (&a[j], &a[j+1]);   //如果后一个元素大，则交换
}

void swap2 (int *px, int *py)
{
    int t;

    t = *px;
    *px = *py;
    *py = t;
}
```

（3）编译运行，输入数据个数为 5，数组数据为 45 67 43 22 68，运行结果如图 14-2 所示。

图 14-2　运行结果

（4）错误调试记录。

错误语句	错误代码	错误分析	改正语句

【例题 14.3】利用函数和指针将给定字母字符串的第一个字母变成大写字母，其他字母变成小写字母。在 main 函数中接收字符串的输入，改变后的字符串的输出也在 main 函数中实现。

设计步骤：

（1）打开 VC，创建 liti14-3.c 文件。

（2）输入以下代码并编译执行。

```
#include <stdio.h>
#include <string.h>
```

```
#include<stdlib.h>
void change(char *s);
void main()
{
char str[100];
    char *s=str;
    scanf("%s",s);
    change(s);
    printf("%s\n",s);
}
void change(char *s)
{
    for(;*s!='\0';s++)
    {
        if(*s>='a' && *s<='z')
        *s-=32;
        else
        if(*s>='A' && *s<= 'Z')
        *s+=32;
    }
}
```

（3）运行结果如图 14-3 所示。

图 14-3　运行结果

（4）错误调试记录。

错误语句	错误代码	错误分析	改正语句

三、典型习题讲解

【习题 14.1】输入 3 个字符串，按由小到大的顺序输出。

设计步骤：

（1）打开 VC，创建 xiti14-1.c 文件。

（2）输入以下代码并编译执行。

```
#include <stdio.h>
#include <string.h>
```

```
swap(char *p1,char *p2);

int main()
{
    char str1[100];
    char str2[100];
    char str3[100];
    char *s1=str1,*s2=str2,*s3=str3;
    scanf("%s",s1);
    scanf("%s",s2);
    scanf("%s",s3);
    if(strcmp(s1,s2)>0)   swap(s1,s2);
    if(strcmp(s1,s3)>0)   swap(s1,s3);
    if(strcmp(s2,s3)>0)   swap(s2,s3);
    printf("the order is: %s,%s,%s\n",s1,s2,s3);
    return 0;
}
swap(char *p1,char *p2)
{
    char temp[20];
    strcpy(temp,p1);
    strcpy(p1,p2);
    strcpy(p2,temp);
}
```

（3）运行结果如图 14-4 所示。

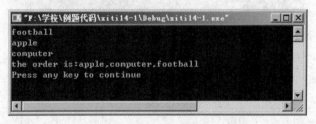

图 14-4　运行结果

【习题 14.2】有 n 个人围成一圈，顺序排号。从第 1 个人开始报数（从 1 到 3 报数），凡报到 3 的人退出圈子，问最后留下来的是原来第几号的那位。

设计步骤：

（1）打开 VC，创建 xiti14-2.c 文件。

（2）输入以下代码并编译执行。

```
#include<stdio.h>
void main()
{
    int i,k,m,n,num[50],*p;
    printf("input number of person：n=");
    scanf("%d",&n);
```

```
        p=num;
        for(i=0;i<n;i++)
            *(p+i)=i+1;
        i=0;
        k=0;
        m=0;
        while(m<n-1)
```

//m 是指出局的人数，因为有 n 个人，最后剩下一个人，所以最多出局(n-1)个人

```
        {
            if(*(p+i)!=0)       //判断这个号（原来的序号）是否出局
                k++;            //这个号没有出局，就报数，计数器加 1
            if(k==3)            //报 3 的出局
            {
                *(p+i)=0;       //将出局的这个人标记
                k=0;            //使计数器置零，以便后面的人报数
                m++;            //出局人数计数器加 1
            }
            i++;
```

//将指针后移，虽然 i 不是指针，但 p+i 就是指针了，所以 i 就是为指针服务的

```
            if(i==n)
```

//如果指针移到了尾部，则返回到头部

```
                i=0;
        }
```

//以上的循环是主要焦点，后面的就是找出最后那个人，这个好理解

```
        while(*p==0)            //用这个可以只判断所找号的前面的号（包括所找号），不用判断后面的
            p++;
        printf("The last one is N0.%d\n",*p);
}
```

（3）运行结果如图 14-5 所示。

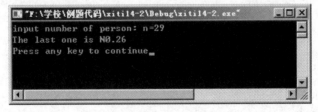

图 14-5　运行结果

【习题 14.3】写一函数，将一个 3×3 的整型矩阵转置。

设计步骤：

（1）打开 VC，创建 xiti14-3.c 文件。

（2）输入以下代码并编译执行。

```
#include <stdio.h>
move(int *pointer)
```

```
    {   int i,j,t;
        for(i=0;i<3;i++)
                for(j=i;j<3;j++)
                {
                        t=*(pointer+3*i+j);
                        *(pointer+3*i+j)=*(pointer+3*j+i);
                        *(pointer+3*j+i)=t;
                }
    }
    int main()
    {   int a[3][3]={1,2,3,4,5,6,7,8,9};
        int *p,i;
        p=&a[0][0];
        move(p);
        for(i=0;i<3;i++)
            printf("%d %d %d\n",a[i][0],a[i][1],a[i][2]);
        return 0;
    }
```

（3）运行结果如图 14-6 所示。

图 14-6　运行结果

四、二级考试提高训练

【训练 14.1】请编写函数 fun，函数实现的功能是：统计一行字符串中单词的个数，作为函数值返回。一行字符串在主函数中输入，规定所有单词由小写字母组成，单词之间由若干个空格隔开，一行的开始没有空格。

注意：部分源程序在文件 PROG1.C 中。

请勿改动主函数 main() 和其他函数中的任何内容，仅在函数 fun 的花括号中填入所编写的若干语句。

给定源程序：

```
#include <stdio.h>
#include <string.h>
#define N 80
int fun(char *s)
{

}
main()
{
    char line[N]; int num=0;void NONO ();
```

```
        printf("Enter a string：\n"); gets(line);
        num=fun(line);
        printf("The number of word is：%d\n\n",num);
        NONO();
    }
    void NONO ()
    {
        //请在此函数内打开文件，输入测试数据，调用 fun 函数，输出数据，关闭文件
        FILE *rf, *wf; int i, num; char line[N], *p;
        rf = fopen("in.dat","r");
        wf = fopen("out.dat","w");
        for(i = 0; i < 10; i++)
        {
            fgets(line, N, rf);
            p = strchr(line, '\n');
            if(p != NULL) *p = 0;
            num = fun(line);
            fprintf(wf, "%d\n", num);
        }
        fclose(rf); fclose(wf);
    }
```

问题分析：

题目主要考查对字符指针定义的理解和基本使用。

设计步骤：

（1）打开 VC。

（2）执行"文件"→"打开"命令，打开 PROG1.C 文件。

（3）找到 fun 函数，编写代码如下。

```
    int fun( char *s)
    {
        int k = 1;
        while(*s)
        {
            if(*s == ' ') k++;
            s++;
        }
        return k;
    }
```

（4）保存并调试，运行结果如图 14-7 所示。

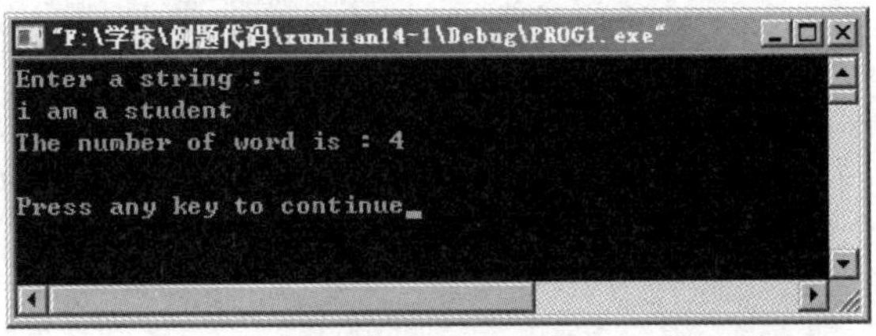

图 14-7　运行结果

【**训练 14.2**】请编写一个函数 fun，它实现的功能是：比较两个字符串的长度（不得调用 C 语言提供的求字符串长度的函数），函数返回较长的字符串。若两个字符串长度相同，则返回第一个字符串。

例如，输入 beijing <CR> shanghai <CR>（<CR>为回车键），函数将返回 shanghai。

注意：部分源程序存在文件 PROG1.C 中。

请勿改动主函数 main 和其他函数中的任何内容，仅在函数 fun 的花括号中填入你编写的若干语句。

给定源程序：

```c
#include <stdio.h>
char *fun (char *s, char *t)
{

}
main()
{
    char a[20],b[20];
    void NONO ();
    printf("Input 1th string：");
    gets(a);
    printf("Input 2th string：");
    gets(b);
    printf("%s\n",fun (a, b));
    NONO ();
}
void NONO ()
{
    //本函数用于打开文件，输入数据，调用函数，输出数据，关闭文件
    FILE *fp, *wf;
    int i;
    char a[20], b[20];
    fp = fopen("in.dat","r");
    wf = fopen("out.dat","w");
    for(i = 0; i < 10; i++)
    {
        fscanf(fp, "%s %s", a, b);
        fprintf(wf, "%s\n", fun(a, b));
    }
    fclose(fp);
    fclose(wf);
}
```

问题分析：

题目主要考查指针的定义、初始化和指针赋值等操作。

设计步骤：

（1）打开 VC。

（2）执行"文件"→"打开"命令，打开 PROG1.C 文件。

（3）找到 fun 函数，编写代码如下。

```
char *fun (char *s, char *t)
{
    int i;
    char *p=s, *q=t;
    for(i=0;*p && *q; i++) {
        p++; q++;
    }
    if(*p == 0 && *q == 0) return s;
    if(*p) return s;
    else return t;
}
```

（4）保存并调试，运行结果如图 14-8 所示。

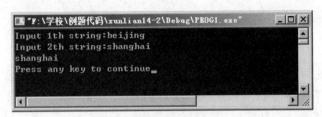

图 14-8　运行结果

【训练 14.3】请编写函数 fun，函数实现的功能是：判断字符串是否为回文。若是，函数返回 1，主函数中输出 YES；否则返回 0，主函数中输出 NO。回文是指顺读和倒读都一样的字符串。

例如，字符串 LEVEL 是回文，而字符串 123312 就不是回文。

注意：部分源程序存在文件 PROG1.C 中。

请勿改动主函数 main 和其他函数中的任何内容，仅在函数 fun 的花括号中填入所写的若干语句。

给定源程序：

```
#include <stdio.h>
#include <string.h>
#define N 80
int fun(char *str)
{

}
main()
{
    char s[N];void NONO ();
    printf("Enter a string：  "); gets(s);
    printf("\n\n"); puts(s);
    if(fun(s)) printf("YES\n");
    else printf("NO\n");
    NONO();
```

```
        }
    void NONO ()
    {
        //请在此函数内打开文件，输入测试数据，调用 fun 函数，输出数据，关闭文件
        FILE *rf, *wf;
        int i; char s[N];
        rf = fopen("in.dat","r");
        wf = fopen("out.dat","w");
        for(i = 0; i < 10; i++)
        {
            fscanf(rf, "%s", s);
            if(fun(s)) fprintf(wf, "%s YES\n", s);
            else fprintf(wf, "%s NO\n", s);
        }
        fclose(rf); fclose(wf);
    }
```

设计步骤:

（1）打开 VC。

（2）执行"文件"→"打开"命令，打开 PROG1.C 文件。

（3）找到 fun 函数，编写代码如下。

```
    int fun(char *str)
    {
        int i, j = strlen(str);
        for(i = 0; i < j / 2; i++)
        if(str[i] != str[j - i - 1]) return 0;
        return 1;
    }
```

（4）保存并调试，运行结果如图 14-9 和图 14-10 所示。

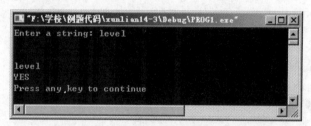

图 14-9　回文字符

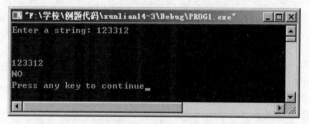

图 14-10　非回文字符

五、习题与思考

1．编一程序，用指针处理字符串，将字符串 a 复制到字符串 b。

2．程序设计：求一个 3×3 矩阵对角线元素之和，并输出显示。

3．实现将一个数组逆序输出的程序。

4．使用指针编程：有一分数序列 2/1、3/2、5/3、8/5、13/8、21/13、…求出这个数列的前 20 项之和。

5．程序设计：一个 5 位数，判断它是不是回文数。即 12321 是回文数，个位与万位相同，十位与千位相同。

6．程序设计：给一个不多于 5 位的正整数，要求求出它是几位数并逆序打印出各位数字。

7．程序设计：两个乒乓球队进行比赛，各出三人。甲队为 a、b、c 三人，乙队为 x、y、z 三人。已经抽签决定了比赛名单。有人向队员打听比赛的名单。a 说他不和 x 比，c 说他不和 x、z 比，请编程序找出三队赛手的名单。

实验 15　指针处理函数

一、实验目的

1. 加强对指针概念的理解，掌握指针的应用。
2. 清楚了解指针函数和函数返回指针的概念。
3. 掌握指针与函数的综合应用。

二、实验内容及步骤

【例题 15.1】使用函数 MyFun(int x)和指针函数编写程序显示函数参数对应的内容。
问题分析：
理解函数与指针函数使用过程的区别。
设计步骤：
（1）打开 VC，创建 liti15-1.c 文件。
（2）输入以下代码并编译执行。

```
# include <stdio.h>
void Myfun(int x)
{
    printf("%d\n",x);
}
void main()
{
    void Myfun(int x);
    void (*FunP)(int);
    FunP=Myfun;
    Myfun(10);
    FunP(20);
}
```

（3）运行结果如图 15-1 所示。

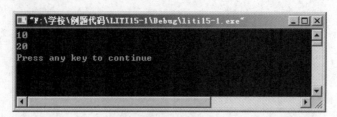

图 15-1　运行结果

（4）错误调试记录。

错误语句	错误代码	错误分析	改正语句

【例题 15.2】 输入 3 个数 a、b、c，根据要求如果输入为 1，按由大到小的顺序将它们输出；如果输入为 2，按由小到大顺序将它们输出。用函数实现。

问题分析：

本题是对 3 个数比较大小，然后按顺序输出。首先明确思路，比较大小有很多方法，这里我们假设输出结果始终是 a>b>c，就如同奥运会领奖台一样，a 始终是成绩最好（这里是最大数）的冠军，b 是亚军，c 是季军；反之亦然。前面学习过编写交换两个变量值的函数 swap，这里继续使用，扩展为改变 3 个变量值的函数 exchangemax、exchangemin；使用函数指针。

设计步骤：

（1）打开 VC，创建 liti15-2.c 文件。

（2）输入以下代码并编译执行。

```
#include <stdio.h>
int main()
{
    void exchangemax(int * q1,int * q2,int * q3);
    void exchangemin(int * q1,int * q2,int * q3);
    void (*p)(int,int,int);
    int a,b,c,* p1,* p2,* p3,n;
    printf("please enter three number： ");
    scanf("%d,%d,%d",&a,&b,&c);
    p1=&a;p2=&b;p3=&c;
    printf("please enter 1 or 2 to decide the order");
    scanf("%d",&n);
    if (n==1) p=exchangemax;
    else if (n==2) p=exchangemin;
    p(p1,p2,p3);
    printf("The order is： %d,%d,%d\n",a,b,c);
    return 0;
}

void exchangemax(int *q1,int *q2,int *q3)
{
void swap(int *pt1,int *pt2);
    if(*q1<*q2) swap(q1,q2);
    if(*q1<*q3) swap(q1,q3);
    if(*q2<*q3) swap(q2,q3);
}

void exchangemin(int *q1,int *q2,int *q3)
{
void swap(int *pt1,int *pt2);
```

```
            if(*q1>*q2) swap(q1,q2);
            if(*q1>*q3) swap(q1,q3);
            if(*q2>*q3) swap(q2,q3);
        }

        void swap(int *pt1,int *pt2)
        {
            int temp;
            temp = *pt1;
            *pt1 = *pt2;
            *pt2 = temp;
        }
```

（3）运行结果如图 15-2 所示。

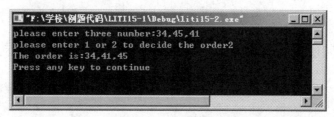

图 15-2 运行结果

（4）错误调试记录。

错误语句	错误代码	错误分析	改正语句

【例题 15.3】输入 3 个字符串，根据用户输入 1 按由大到小的顺序输出；2 按由小到大的顺序输出；0 原样输出。

问题分析：

字符串比较按顺序输出和 3 个数比较大小类似，需要注意引入临时字符串参与字符串交换。

设计步骤：

（1）打开 VC，创建 liti15-3.c 文件。

（2）输入以下代码并编译执行。

```
        #include<stdio.h>
        #include<string.h>
        void main()
        {
            void maxtomin(char *p1,char *p2,char *p3,char *p4);
            void mintomax(char *p1,char *p2,char *p3,char *p4);
            void nochange(char *p1,char *p2,char *p3,char *p4);
            void (*q)(char *,char *,char *,char *);
```

```
        char a1[40],a2[40],a3[40],a4[40],*q1,*q2,*q3,*q4;
        int n;
        printf("输入 3 个字符串，按指定顺序输出 0-原序,1-升序,2-降序：\n");
        scanf("%s%s%s%d",a1,a2,a3,&n);
        q1=a1;q2=a2;q3=a3;q4=a4;
        if(n==0) q=nochange;
        else if(n==1) q=mintomax;
        else if(n==2) q=maxtomin;
        q(q1,q1,q3,q4);
        puts(a1);puts(a2);puts(a3);
    }


    void maxtomin(char *p1,char *p2,char *p3,char *p4)
    {
        if(strcmp(p1,p2)<0) {strcpy(p4,p1);strcpy(p1,p2);strcpy(p2,p4);}
        if(strcmp(p1,p3)<0) {strcpy(p4,p1);strcpy(p1,p3);strcpy(p3,p4);}
        if(strcmp(p2,p3)<0) {strcpy(p4,p2);strcpy(p2,p3);strcpy(p3,p4);}


    }

    void mintomax(char *p1,char *p2,char *p3,char *p4)
    {
        if(strcmp(p1,p2)>0) {strcpy(p4,p1);strcpy(p1,p2);strcpy(p2,p4);}
        if(strcmp(p1,p3)>0) {strcpy(p4,p1);strcpy(p1,p3);strcpy(p3,p4);}
        if(strcmp(p2,p3)>0) {strcpy(p4,p2);strcpy(p2,p3);strcpy(p3,p4);}
    }
    void nochange(char *p1,char *p2,char *p3,char *p4)
    {
    }
```

（3）运行结果如图 15-3 所示。

图 15-3　运行结果

（4）错误调试记录。

错误语句	错误代码	错误分析	改正语句

三、典型习题讲解

【习题 15.1】写一个用矩形法求定积分的通用函数，分别求 $\int_0^1 \sin x \, dx$, $\int_0^1 \cos x \, dx$, $\int_0^1 e^x \, dx$ 的值。

问题分析：

sin、cos、exp 函数已在系统的教学函数库中，程序开头要用#include<math.h>。使用指针函数 float (*p)(float)通用形式表示 sin、cos、exp 三个函数。

设计步骤：

（1）打开 VC，创建 xiti15-1.c 文件。

（2）输入以下代码并编译执行。

```
#include<stdio.h>
#include<math.h>
#define N 20
void main()
{
    float ffsin(float);
    float ffcos(float);
    float ffexp(float);
    float integral(float(*p)(float),float a,float b);
    float a1,b1,a2,b2,a3,b3,c,(*p)(float);
    printf("请输入上下限 a1,b1：\n");
    scanf("%f%f",&a1,&b1);
    printf("请输入上下限 a2,b2：\n");
    scanf("%f%f",&a2,&b2);
    printf("请输入上下限 a3,b3：\n");
    scanf("%f%f",&a3,&b3);
    p=ffsin;
    printf("The integral of sin(x) is：%f\n",integral(p,a1,b1));
    p=ffcos;
    c=integral(p,a2,b2);
    printf("The integral of cos(x) is：%f\n",c);
    p=ffexp;
    c=integral(p,a3,b3);
    printf("The integral of sin(x) is：%f\n",c);
}
float integral(float(*p)(float),float a,float b)
{
    int i;
    float x,h,s;
    h=(b-a)/N;
    x=a;
    s=0;
    for(i=1;i<=N;i++)
    {
```

```
            x=x+h;
            s=s+(*p)(x)*h;
        }
        return s;
    }
    float ffsin(float x) {return sin(x);}
    float ffcos(float x) {return cos(x);}
    float ffexp(float x) {return exp(x);
    }
```

（3）运行结果如图 15-4 所示。

图 15-4　运行结果

【习题 15.2】输入一个字符串，内有数字和非数字字符，如：a123x456?17960?302tab5876，将其中连续的数字作为一个整数，依次存放到一个数组 a 中。例如 123 放在 a[0]中，456 放在 a[1]中，依此类推，统计共有多少个整数，并输出这些数。

问题分析：

用一个字符串指针变量 s 指向输入的字符串，扫描整个字符串，先跳过非数字字符，读出数字字符，并转换成整数后存放在数组中。

设计步骤：

（1）打开 VC，创建 xiti15-2.c 文件。

（2）输入以下代码并编译执行。

```
    #include <stdio.h>
    #include <malloc.h>
    #define MaxLen 100
    #define Max 10
    int trans(char *s,int a[])
    {
        int n=0,d;
        while (*s!='\0')
        {
            while (*s>'9' || *s<'0') s++;
            d=0;
            while (*s>='0' && *s<='9')
            {
                d=10*d+(*s-'0');
                s++;
            }
            a[n]=d;
```

```
            n++;
        }
        return n;
    }
    void main()
    {
        char *s;
        int a[Max],n,i;
        s=(char *)malloc(MaxLen);
        printf("输入一个串: ");
        gets(s);
        n=trans(s,a);
        printf("整数个数: %d",n);
        printf("输出数: ");
        for (i=0;i<n;i++)
            printf("%d ",a[i]);
    }
```

（3）运行结果如图 15-5 所示。

图 15-5　运行结果

四、二级考试提高训练

【训练 15.1】输入十个数，输出最大值。用指针函数解决。

问题分析：理解指针函数的概念。

指针函数是指返回值是一个指针的函数，其本质还是一个函数。函数都有返回类型（如果不返回值，则为无值型），只不过指针函数返回类型是某一类型的指针。其定义格式如下：

    返回类型标识符 *返回名称(形式参数表)

    { 函数体 }

返回类型可以是任何基本类型和复合类型。

求最大值的算法在前面已经论述过了，此处不再赘述。

设计步骤：

（1）打开 VC，创建 xunlian15-1.c 文件。

（2）输入以下代码并编译执行。

```
    #include"stdio.h"
    int *max(int *q)
    {
        int i,*ptr;
        ptr=q;
        for(i=0;i<=9;i++,q++)
        if(*q>*ptr) ptr=q;
```

```
        return(ptr);
    }
    int main()
    {
        int i,a[10],*p;
        for(i=0;i<=9;i++)
        {
            printf("a[%d]= ",i);
            scanf("%d",&a[i]);
        }
        p=max(a);
        printf("max=%d\n",*p);
        return 0;
    }
```

（3）运行结果如图 15-6 所示。

图 15-6　运行结果

【训练 15.2】3 个学生，每个学生有 4 门课程成绩。要求在输入学生学号以后，输出该学生的全部成绩。用指针函数实现。

问题分析：

这样的问题可以采用二维数组来解决，行表示一个学生的全部成绩，列表示一门课的全部成绩。因此可定义 score[][4]={{60,70,80,90},{56,89,34,45},{34,23,56,45}}；子函数形参*pointer 和 n 分别接受实参 score, m；在子函数内定义一个指针*pt，使 pt=*(pionter+n);，然后返回 pt。

设计步骤：

（1）打开 VC，创建 xunlian15-2.c 文件。

（2）输入以下代码并编译执行。

```
    #include <stdio.h>
    int main()
    {
        float score[][4]={{60,70,80,90},{56,89,34,45},{34,23,56,45}};
        float *find(float(*pionter)[4],int n);
        float *p;
        int i,m;
        printf("Enter the number to be found:");
        scanf("%d",&m);
        printf("the score of NO.%d are:\n",m);
```

```
        p=find(score,m);
        for(i=0;i<4;i++)
        printf("%5.2f\t",*(p+i));
        return 0;
    }

    float *find(float(*pionter)[4],int n)        //定义指针函数
    {
        float *pt;
        pt=*(pionter+n);
        return(pt);
    }
```

（3）运行结果如图 15-7 所示。

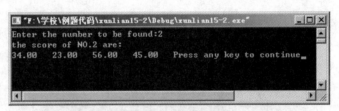

图 15-7　运行结果

五、习题与思考

1．输入 1～7 中某个整数，输出该数字对应的星期名。要求用指向函数的指针实现。函数头部为 char *day_name(int n)。

2．任意输入 n 个数，找出其中最大数，并且输出最大数值。

3．编写一个解密藏尾诗的程序，输入一首藏尾诗（假设只有 4 句），输出其藏尾的真实含义。用返回字符指针的函数实现。

例：

输入：

池中困龙定重生

田里鼠蚁能几日

舞上九天星移快

风雨洒向人间乐

输出：

生日快乐

4．编写一个程序，输入一个字符串后再输入 2 个字符，输出此字符串中从与第一个字符匹配的位置开始到与第二个字符匹配的位置之间的所有字符。用返回字符指针的函数实现。

例：

输入

abcdefghijklmn

c

f

输出

cdef

实验 16   结构体

一、实验目的

1. 加强对结构体概念的理解，掌握结构体的应用。
2. 掌握结构体变量的定义和使用方法。
3. 掌握结构体数组的定义和使用方法。
4. 掌握结构体指针的定义和使用方法。
5. 掌握链表的定义和对链表的插入、删除、查找等基本操作的实现方法。

二、实验内容及步骤

【**例题 16.1**】有五个学生，每个学生有学号、姓名和三门课的成绩，要求从键盘输入学生的信息，计算出每位学生的平均成绩，然后输出。

问题分析：

学生的个人信息包括学号、姓名和三门课的成绩，通过建立结构体 student 来包含这些信息。由于有五个学生，因此要使用结构体数组来存储五个学生的个人信息。在输入学生的个人信息后，再对每位学生的成绩进行计算，将平均成绩输出。

设计步骤：

（1）打开 VC，创建 liti16-1.c 文件。

（2）输入以下代码并编译执行。

```c
#include "stdio.h"
struct student
{
    char stu_no[6];
    char stu_name[8];
    int score[3];
    float aver_score;
}stu[5];
void main()
{
    int i,j,sum;
    for(i=0;i<5;i++)
    {
        printf("请输入第%d 个学生的成绩\n",i);
        printf("学号：\n");
        scanf("%s",stu[i].stu_no);
        printf("姓名：\n");
        scanf("%s",stu[i].stu_name);
        sum=0;
```

```
        for(j=0;j<3;j++)
        {
            printf("第%d 门课的成绩",j+1);
            scanf("%d",&stu[i].score[j]);
            sum+=stu[i].score[j];
        }
        stu[i].aver_score=sum/3.0;
    }
    for(i=0;i<5;i++)
        printf("第%d 个学生的平均成绩为%f\n",i,stu[i].aver_score);
}
```

（3）运行结果如图 16-1 所示。

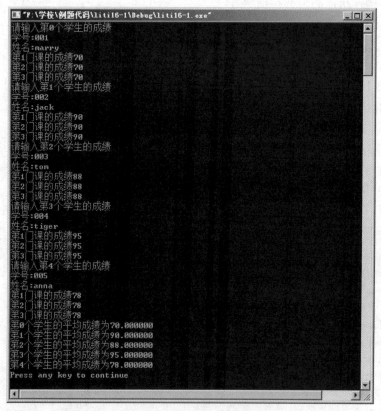

图 16-1　运行结果

（4）错误调试记录。

错误语句	错误代码	错误分析	改正语句

【例题 16.2】有三种动物，动物的信息包括动物的名称和爱吃的食物，要求从键盘输入这些信息，然后根据条件查找其中某种动物，如果该动物存在，就输出该动物爱吃的食物。

问题分析：

动物的信息包括动物的名称和爱吃的食物，因此要建立结构体 animal 来实现。有三种动物的信息，因此要用到结构体数组。在输入查找的动物名之后，要使用字符串比较函数 strcmp() 将查找的动物名与数组中各个动物名进行比较，如果找到相同的名称，就将该动物爱吃的食物输出。

设计步骤：

（1）打开 VC，创建 liti16-2.c 文件。

（2）输入以下代码并编译执行。

```c
#include <stdio.h>
#include <string.h>
struct animal
{
    char name[14];
    char food[10];
}myanimal[3];
void main()
{
    int i;
    char ani[20];
    for(i=0;i<3;i++){
        printf("请输入第%d 个动物的信息\n",i);
        printf("动物名称：\n");
        scanf("%s",myanimal[i].name);
        printf("爱吃的食物：\n");
        scanf("%s",myanimal[i].food);
    }
    printf("请输入要查找的动物名\n");
    scanf("%s",ani);
    for(i=0;i<3;i++)
    {
        if(strcmp(myanimal[i].name,ani)==0)
        printf("%s\n",myanimal[i].food);
    }
}
```

（3）运行结果如图 16-2 所示。

图 16-2　运行结果

（4）错误调试记录。

错误语句	错误代码	错误分析	改正语句

【例题 16.3】从键盘输入四个整数，存入单链表，要求采用头插法，并将四个数字输出。

问题分析：

题目要求使用单链表，因此首先要定义结构体 node。插入数据通过函数 Insert()来实现，注意插入过程中指针的变化。输出通过函数 Show()来实现，输出数据时从头指针开始逐个输出数据即可。

设计步骤：

（1）打开 VC，创建 liti16-3.c 文件。

（2）输入以下代码并编译执行。

```c
#include "stdio.h"
#include "malloc.h"
struct node
{
int data;
struct node *next;
};

struct node *head;

void Insert()
{
    struct node *newnode =   ( struct node *) malloc ( sizeof(struct node));
    scanf( "%d", & newnode->data);
    newnode ->next = head->next;
    head->next = newnode;
}
void Show()
{
    struct node * p = head->next;
    while( p)
    {
    printf( "%d\n", p->data); p = p->next;
    }
}
void main()
{
    int i;
    head=   ( struct node *) malloc ( sizeof(struct node));
    head ->next = NULL;
```

```
    for( i = 1; i < 5; i++){
        printf( "\n 输入第%d 个数：", i);
        Insert();
    }
    Show();
}
```

（3）运行结果如图 16-3 所示。

图 16-3　运行结果

（4）错误调试记录。

错误语句	错误代码	错误分析	改正语句

三、典型习题讲解

【习题 16.1】定义一个结构体变量（包括年、月、日），计算该日在本年中是第几天，注意闰年问题。

问题分析：

结构体包含三个成员，即年、月、日，根据输入的年、月、日的值进行计算，注意闰年的判断方法。

设计步骤：

（1）打开 VC，创建 xiti6-1.c 文件。

（2）输入以下代码并编译执行。

```
#include <stdio.h>
struct
{   int year;
    int month;
    int day;
}date;
void main()
{   int i,days;
```

```
int day_tab[13]={0,31,28,31,30,31,30,31,31,30,31,30,31};
printf("input year,month,day： ");
scanf("%d%d%d",&date.year,&date.month,&date.day);
days=0;
for (i=1;i<date.month;i++)
{
    days+=day_tab[i];
}
days+=date.day;
if ((date.year%4==0 && date.year%100!=0 || date.year%400==0) && date.month>=3)
{
    days+=1;      }
printf("the day is %d th days of the year",days);
}
```

（3）运行结果如图 16-4 所示。

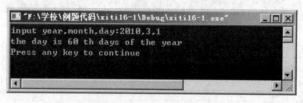

图 16-4　运行结果

【习题 16.2】13 个人围成一圈，从第一个人开始顺序报号 1、2、3。凡报到 3 者退出圈子，找出最后留在圈子中的人原来的序号。要求用链表实现。

问题分析：

对每个人来说，都有一个原始的编号和报数的编号，因此要通过结构体来实现。注意在有人退出后链表的变化情况。

设计步骤：

（1）打开 VC，创建 xiti6-2.c 文件。

（2）输入以下代码并编译执行。

```
#include <stdio.h>
#include <stdlib.h>
#include <windows.h>
struct student
{
    int num;
    int num1;
    struct student *next,*former;
}stu[13];
void main()
{
    int i;
    struct student *p;
    for(i=0;i<=12;i++)
```

```
        {
            stu[i].num=i+1;
            stu[i].next=&stu[i+1];
            if (i != 12)
            {
                stu[i+1].former=&stu[i];
            }
        }
        p=stu[12].next=stu;
        stu[0].former=&stu[12];
        while( p != p->next)
        {
            for(i=1;i<=3;i++)
            {
                if( i == 3)
                {
                    p->former->next = p->next;
                    p->next->former = p->former;
                    printf("淘汰%d 号，下一个从%d 号开始! \n",p->num,p->next->num);
                    p = p->next;
                    break;
                }
                p = p->next;
            }
        }
        printf("最终胜出的是：%d 号\n",p->num);
    }
```

（3）运行结果如图 16-5 所示。

图 16-5　运行结果

四、二级考试提高训练

【训练 16.1】建立 a 和 b 两个链表，每个链表中的结点包括雇员的编号和姓名。要求把两个链表合并，按照编号的升序排列。

问题分析：

首先建立结构体 employee，该结构体中包含雇员的编号、姓名和指向下一个结点的指针。通过 create()方法分别建立 a 和 b 两个链表，当输入的雇员编号为负数时，结束输入。link()方法逐个比较 a 和 b 链表中的员工编号，将结点按照编号的升序排列，注意在该方法中指针的变化情况。

设计步骤：

（1）打开 VC，创建 xunlian16-1.c 文件。

（2）输入以下代码并编译执行。

```c
#include <stdio.h>
#include <stdlib.h>
#define N 10
typedef struct employee
{
    int emp_no;
    char emp_name[14];
    struct employee *next;
}EMP;
EMP *create()
{
    int i;
    EMP *p,*head=NULL,*tail=head;
    for (i=0;i<N;i++)
    {
        p=(EMP *)malloc(sizeof(EMP));
        scanf("%d%s",&p->emp_no,&p->emp_name);
        p->next=NULL;
        if (p->emp_no<0)
        {
            free(p);
            break;
        }
        if(head==NULL)
            head=p;
        else
            tail->next=p;
        tail=p;
    }
    return head;
}
void show(EMP *p)
{
while (p!=NULL)
```

```
    {
        printf("%d\t%s\n",p->emp_no,p->emp_name);
        p=p->next;
    }
}
EMP *link(EMP *p1,EMP *p2)
{
    EMP *p,*head;
if (p1->emp_no<p2->emp_no)
    {
        head=p=p1;
        p1=p1->next;
    }
else
    {
        head=p=p2;
        p2=p2->next;
    }
while (p1!=NULL&&p2!=NULL)
    {
        if (p1->emp_no<p2->emp_no)
        {
            p->next=p1;
            p=p1;
            p1=p1->next;
        }
        else
        {
            p->next=p2;
            p=p2;
            p2=p2->next;
        }
    }
    if(p1!=NULL)
        p->next=p1;
    else
        p->next=p2;
    return head;
}
void main()
{
    EMP *a,*b,*c;
    printf("\n 请输入链表 a 中各个员工的编号和姓名，编号小于零时结束输入\n");
```

```
a=create();
printf("\n 请输入链表 b 中各个员工的编号和姓名，编号小于零时结束输入\n");
b=create();
printf("\n 链表 a 的信息为：\n");
show(a);
printf("\n 链表 b 的信息为：\n");
show(b);
c=link(a,b);
printf("\n 合并后的链表信息为：\n");
show(c);
}
```

（3）运行结果如图 16-6 所示。

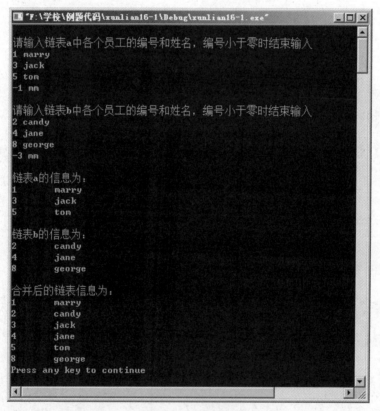

图 16-6   运行结果

【训练 16.2】有两个链表 a 和 b，每个链表中的结点包括水果编号和水果名称，从 a 链表中删去与 b 链表中有相同编号的那些结点。

问题分析：

该问题包括三种操作：建立链表、删除链表结点和输出链表，分别用三个函数来实现。注意在删除结点时指针的变化情况。

设计步骤：

（1）打开 VC，创建 xunlian16-2.c 文件。

（2）输入以下代码并编译执行。

```c
#include <stdio.h>
#include <stdlib.h>
#define N 10
typedef struct fruit
{
    int num;
    char name[16];
    struct fruit *next;
}FRU;
FRU *create()
{
    int i;
    FRU *p,*head=NULL,*tail=head;
    for (i=0;i<N;i++)
    {
        p=(FRU *)malloc(sizeof(FRU));
        scanf("%d%s",&p->num,&p->name);
        p->next=NULL;
        if (p->num<0)
        {
            free(p);
            break;
        }
        if(head==NULL)
            head=p;
        else
            tail->next=p;
        tail=p;
    }
    return head;
}
void show(FRU *p)
{
    while (p!=NULL)
    {
        printf("%d\t%s\n",p->num,p->name);
        p=p->next;
    }
}
FRU *del(FRU *a,FRU *b)
{
    FRU *head,*p1,*p2;
    p1=p2=head=a;
```

```
        while (b!=NULL)
        {
            p1=p2=head;
            while (p1!=NULL)
            {
                if (b->num==p1->num)
                    if(p1==head)
                    {
                        head=p1->next;
                        free(p1);
                        p1=p2=head;
                    }
                    else
                    {
                        p2->next=p1->next;
                        free(p1);
                        p1=p2->next;
                    }
                else
                {
                    p2=p1;
                    p1=p1->next;
                }
            }
            b=b->next;
        }
        return head;
    }
    void main()
    {
        FRU *a,*b,*c;
        printf("\n 请输入链表 a 的信息\n");
        a=create();
        printf("\n 请输入链表 b 的信息\n");
        b=create();
        printf("\n 链表 a 的信息为：\n");
        show(a);
        printf("\n 链表 b 的信息为：\n");
        show(b);
        c=del(a,b);
        printf("\n 删除后的链表信息为：\n");
        show(c);
    }
```

（3）运行结果如图 16-7 所示。

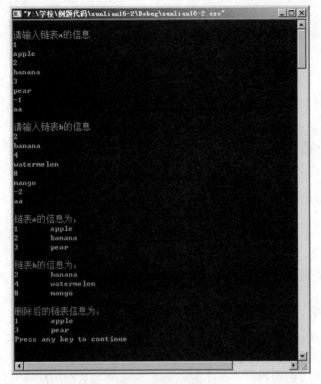

图 16-7　运行结果

五、习题与思考

1．在屏幕上模拟显示一个数字时钟。要求用结构体实现。

2．（1）要求链表包含 5 个结点，从键盘输入结点中的有效数据，然后把这些结点的数据显示出来。要求使用函数 create() 来建立链表，用 list() 函数来输出数据。5 个职工的号码依次为 0601、0603、0605、0607、0609。

（2）在（1）的基础上，新增加一个职工的数据。这个新结点不放在最后，而是按职工号的顺序插入，新职工号为 0606。编写一个函数 insert() 来插入节点。

3．建立一个链表，该链表中每个结点代表一个字母，要求建立链表时去掉重复的字母，并将链表输出。

实验 17 指针结构体综合应用

一、实验目的

1. 进一步理解并掌握结构体变量和指针变量的概念、定义方法。
2. 掌握指针变量和结构体变量作为函数参数及函数的调用方法。
3. 掌握指向结构体变量的指针变量的应用，以及链表的应用。

二、实验内容及步骤

【例题 17.1】学生的记录由学号和成绩组成，N 名学生的数据已在主函数中放入结构体数组 s 中，请编写函数 fun，它的功能是：把分数最高的学生数据放在 h 所指的数组中。注意：分数最高的学生可能不止一个，函数返回分数最高的学生的人数。

问题分析：

本题的思路是：为了实现以上要求，我们可以预先定义一个 max 变量用于保存在数组中发现的学生成绩的最高分数。然后将 max 与数组中所有其他的成绩进行比较，只要发现比 max 中的值更大的成绩就将该成绩覆盖 max 中的值，所以我们假设数组第一个学生的成绩为最高成绩，将 max 初始化为数组第一个学生的成绩。当 max 与数组中所有成绩都比较结束之后，max 的值就是数组中的最高分数。

由于由题意得知分数最高的学生可能不止一个，所以再次使用循环将数组中每一个学生的成绩与 max 进行比较，只要相等就将计数分数最高学生人数 n 加一，同时将该分数放入对应 h 数组的 b 参数数组。

最后将记录分数最高的学生人数的 n 变量的值作为函数返回值返回。

设计步骤：

（1）打开 VC，创建 liti17-1.c 文件。
（2）输入以下代码并编译执行。

```
#include <stdio.h>
#define N 16
typedef struct
{
    char num[10];
    int s;
}  STREC;
    int fun ( STREC *a, STREC *b )
    {
        int i,j=0, n=0, max;
        max=a[0].s;
        for (i=0; i<N; i++)
```

```
        if( a[i].s>max)
            max=a[i].s;
        for (i=0; i<N; i++)
         if( a[i].s==max)
         {
            *(b+j)=a[i];
                j++;
                n++;
         }
        return n;
    }
    main()
    {
        STREC s[N]= {{"GA05",85}, {"GA03",76}, {"GA02",69}, {"GA04",85},
                    {"GA01",91}, {"GA07",72}, {"GA08",64}, {"GA06",87},
                    {"GA015",85}, {"GA013",91}, {"GA012",64}, {"GA014",91},
                    {"GA011",77}, {"GA017",64}, {"GA018",64}, {"GA016",72}};
        STREC h[N];
        int i, n;
            n=fun ( s, h );
            printf ("The %d highest score：\n", n);
            for (i=0; i<n; i++)
        printf ("%s %4d\n", h[i]. num, h[i]. s);
        printf ("\n");
    }
```

（3）运行结果如图 17-1 所示。

图 17-1　运行结果

（4）错误调试记录。

错误语句	错误代码	错误分析	改正语句

　　【例题 17.2】某学生的记录由学号、8 门课程成绩和平均分组成，学号和 8 门课程的成绩已在主函数中给出。请编写函数 fun，它的功能是：求出该学生的平均分并放在记录的 ave 成

员中。请自己定义正确的形参。

例如，若学生的成绩是 85.5、76、69.5、85、91、72、64.5、87.5，则他的平均分应当是 78.875。

问题分析：

本题的思路是：为了实现以上要求，我们必须首先定义 fun 函数的正确的形参。我们发现主函数中调用 fun 函数的是 "fun(&s);" 语句，而 s 是 STREC 类型的，通过取地址运算符&获取主函数变量 s 的首地址指针作为实参，而 s 是 STREC 类型的，所以 fun 函数的形参应该是 STREC *类型。形参名字可以自己取。

定义完形参之后，我们可以使用循环累加学生记录中的 s 数组中所有的元素，也就是累加 N 门课程成绩，累加结束之后除以课程门数 N，得到平均分存入 ave 成员中即可完成题目要求。

设计步骤：

（1）打开 VC，创建 liti17-2.c 文件。

（2）输入以下代码并编译执行。

```
#include <stdio.h>
#define N 8
typedef struct
{
    char num[10];
    double s[N];
    double ave;
} STREC;
void fun(STREC *p)
{
    double av=0.0;
    int i;
    for(i=0;i<N;i++)
    av+=p->s[i];
    av/=N;
    p->ave=av;
}
main()
{
    STREC s={"GA005",85.5,76,69.5,85,91,72,64.5,87.5};
    int i;
    fun( &s );
    printf("The %s's student data：\n", s.num);
    for(i=0;i<N;i++)
    printf("%4.1f\n",s.s[i]);
    printf("\nave=%7.3f\n",s.ave);
}
```

（3）运行结果如图 17-2 所示。

图 17-2　运行结果

（4）错误调试记录。

错误语句	错误代码	错误分析	改正语句

【例题 17.3】学生的记录由学号和成绩组成，N 名学生的数据已在主函数中放入结构体数组 s 中，请编写函数 fun，它的功能是：把低于平均分的学生数据放入 b 所指的数组中，低于平均分的学生人数通过形参 n 传回，平均分通过函数值返回。

问题分析：

本题的思路是：为了实现题目要求，我们可以使用循环累加 s 数组中所有学生的成绩，即 s 部分。累加之后将合计值除以学生人数 N 就可以得到平均分数。然后再次使用循环逐个检查 s 数组中所有学生的成绩是否低于平均分数，如果低于平均分，则将该学生记录复制到 b 数组中，在复制的同时需要将计数低于平均分的学生人数的变量加一。

设计步骤：

（1）打开 VC，创建 liti17-3.c 文件。

（2）输入以下代码并编译执行。

```c
#include <stdio.h>
#define N 8
typedef struct
{
    char num[10];
    double s;
} STREC;
double fun ( STREC *a, STREC *b, int *n )
{
    double aver=0.0;
    int i, j=0;
    *n=0;
    for (i=0; i<N; i++)
    aver+=a[i].s;
    aver/=N;
```

```
            for ( i=0; i<N; i++)
            if( a[i].s<aver)
            {
                b[j]=a[i];
                 (*n)++;
                j++;
            }
            return aver;
        }
    main()
    {
        STREC s[N]= {{"GA05",85}, {"GA03",76}, {"GA02",69}, {"GA04",85},
                        {"GA01",91}, {"GA07",72}, {"GA08",64}, {"GA06", 87}};
        STREC h[N],t;
        int i, j, n;
        double ave;
        ave=fun ( s, h, &n );
        printf ("The %d student data which is lower than %7.3f:  \n", n, ave );
            for (i=0; i<n; i++)
            printf ("%s %4.1f\n", h[i]. num, h[i]. s);
          printf ("\n");
            for (i=0; i<n; i++)
             for(j=i+1;j<n;j++)
                if(h[i].s>h[j].s)
                {
                    t=h[i];
                    h[i]=h[j];
                    h[j]=t;
                }
        for(i=0;i<n; i++)
        printf ( "%4.1f\n", h[i].s );
    }
```

（3）运行结果如图 17-3 所示。

图 17-3　运行结果

（4）错误调试记录。

错误语句	错误代码	错误分析	改正语句

三、典型习题讲解

【习题 17.1】学生的记录由学号和成绩组成，N 名学生的数据已在主函数中放入结构体数组 s 中，题目要求编写函数 fun，它的功能是：把指定分数范围内的学生数据放在 b 所指的数组中，分数范围内的学生人数由函数值返回。

例如，输入的分数是 60 和 69，则应当输出分数在 60 和 69 的学生数据，包含 60 分和 69 分的学生数据。主函数中将把 60 放在 low 中，把 69 放在 heigh 中。

问题分析：

本题的思路是：为了实现题目要求，我们可以在 fun 函数中使用循环逐个地检查 a 数组中所有学生中的分数是否介于参数 l 和 h 之间，如果的确如此，则将该学生记录复制至 b 数组中，同时计数分数范围内的学生人数的变量要加一。

当循环结束的时候，便能完成题目的要求。

设计步骤：

（1）打开 VC，创建 xiti17-1.c 文件。

（2）输入以下代码并编译执行。

```c
#include <stdio.h>
#define N 16
typedef struct
{
    char num[10];
    int s;
} STREC;
int fun ( STREC *a, STREC *b, int l, int h )
{
    int i, j=0;
    for ( i=0; i<N; i++)
    if (a[i].s>=l&&a[i].s<=h)
    {
        b[j]=a[i];
        j++;
    }
    return j;
}
main()
{
    STREC s[N]= {{"GA005",85}, {"GA003",76}, {"GA002",69}, {"GA004",85},
                {"GA001",91}, {"GA007",72}, {"GA008",65}, {"GA006",87},
                {"GA015",85}, {"GA013",94}, {"GA012",66}, {"GA014",91},
```

```
                                {"GA011",90}, {"GA017",67}, {"GA018",68}, {"GA016",72}};
        STREC h[N],tt;
        int i,j,n, low, heigh, t;
        printf ( "Enter 2 integer number low & heigh： ");
        scanf ("%d%d", &low, &heigh );
        if ( heigh < low )
        {
            t=heigh;
            heigh=low;
            low=t;
        }
        n=fun (s, h, low , heigh );
        printf ( "The student 's data between %d----%d： \n", low, heigh );
            for (i=0; i<n; i++)
            printf ("%s    %4d\n", h[i]. num, h[i]. s);
          printf ( "\n" );
            for (i=0; i<n-1; i++)
            for (j=i+1; j<n; j++)
                if(h[i].s>h[j].s)
                {
                    tt=h[i];
                    h[i]=h[j];
                    h[j]=tt;
                }
        for(i=0;i<n; i++)
        printf "%4d\n", h[i]. s);
    }
```

（3）运行结果如图 17-4 所示。

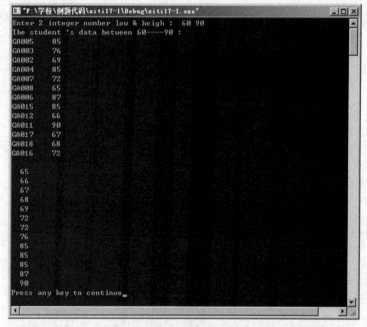

图 17-4　运行结果

【习题 17.2】学生的记录由学号和成绩组成，N 名学生的数据已在主函数中放入结构体数组 s 中，题目要求编写函数 fun，它的功能是：函数返回指定学号的学生数据，指定的学号在主函数中输入。若没找到指定学号，在结构体变量中给学号置空串，给成绩置-1，作为函数值返回（用于字符串比较的函数是 strcmp）。

问题分析：

本题的思路是：为了实现题目要求，我们一般使用循环逐个检查每一个学生数据的学号是否与指定的学号相同。一旦找到这个学生数据，则结束循环，将这个学生数据返回。

设计步骤：

（1）打开 VC，创建 xiti17-2.c 文件。

（2）输入以下代码并编译执行。

```c
#include <stdio.h>
#include <string.h>
#define N 16
typedef struct
{
    char num[10];
    int s;
}   STREC;
    STREC fun ( STREC *a, char *b )
    {
        int i;
        STREC h;
        for (i=0; i<N; i++)
            if ( strcmp(a[i].num, b)==0 )
            {
                h =a[i];
                break;
            }
            else
            {
                strcpy(h.num,");
                h.s=-1;
            }
        return h;
    }
main ()
{
    STREC s[N]={{"GA005",85}, {"GA003",76}, {"GA002",69}, {"GA004",85},
                {"GA001",91}, {"GA007",72}, {"GA008",64}, {"GA006",87},
                {"GA015",85}, {"GA013",91}, {"GA012",64}, {"GA014",91},
                {"GA011",77}, {"GA017",64}, {"GA018",64}, {"GA016",72}};
    STREC h;
    char m[10];
    int i, n;
    printf ( "The original data：\n" );
```

```
            for (i=0; i<N; i++)
            {
                if ( i%4==0 ) printf ("\n");
                printf ("%s   %3d   ", s[i].num, s[i].s);
            }
        printf ("\n\nEnter   the   number：");
        gets ( m );
        h=fun ( s, m );
        printf ( " The    data : " );
        printf ( "\n%s   %4d\n", h.num, h.s );
        printf ( "\n" );
    }
```

（3）运行结果如图 17-5 所示。

图 17-5   运行结果

【习题 17.3】学生的记录由学号和成绩组成，N 名学生的数据已存入 a 结构体数组中。题目要求编写函数 fun，它的功能是：找出成绩最低的学生记录，通过形参返回主函数（规定只有一个最低分）。已给出函数的首部，请完成该函数。

问题分析：

本题的思路是：为了实现以上要求，我们可以预先定义一个 min 变量用于保存在数组中发现的学生成绩的最低分数。然后将 min 与数组中所有其他的成绩进行比较，只要发现比 min 中的值更低的成绩就将该成绩覆盖 min 中的值，同时将返回给主函数的形参 s 指向这个发现的成绩最低的学生记录。所以我们假设数组第一个学生的成绩为最低成绩，将 min 初始化为数组第一个学生的成绩。当 min 与数组中所有成绩都比较结束之后，min 的值就是数组中的最低分数。

设计步骤：

（1）打开 VC，创建 xiti17-3.c 文件。

（2）输入以下代码并编译执行。

```
    #include <stdio.h>
    #include <string.h>

    #define N 10
    typedef struct ss
```

```
    {
        char num[10];
        int s;
    }  STU;
    void fun( STU a[], STU *s)
    {
        int i,min;
        min=a[0].s;
        for(i=0;i<N;i++)
        if(a[i].s<min)
        {
            min=a[i].s;
            *s=a[i];
        }
    }
    int main ()
    {
        STU a[N]={{"A01",81},{"A02",89},{"A03",66},{"A04",87},{"A05",77},
                    {"A06",90},{"A07",79},{"A08",61},{"A09",80},{"A10",71} }, m;
        int i;
        printf("**** The original data *****\n");
        for(i=0;i<N; i++)
        printf("N0=%s Mark=%d\n", a[i].num,a[i].s);
        fun( a,&m);
        printf("***** THE RESULT *****\n");
        printf(" The lowest：%s ,%d\n", m.num, m.s);
        return
    }
```

（3）运行结果如图 17-6 所示。

图 17-6　运行结果

四、二级考试提高训练

【训练 17.1】N 名学生的成绩已在主函数中放入一个带头结点的链表结构中，h 指向链表的头结点。题目要求编写函数 fun，它的功能是：求出平均分，由函数值返回。

例如，若学生的成绩是 85、76、69、85、91、64、87，则平均分应当是 78.625。

问题分析：

本题的思路是：为了实现题目要求，我们可以使用循环将指针从链表第一个结点移动到最后一个结点，在这个移动过程中，将每一个访问过的结点中保存的成绩，即 s 成员进行累加，得到所有学生的成绩总和。然后将成绩总和除以学生人数得到平均分，最后使用 return 语句返回计算得到的平均分。

设计步骤：

（1）打开 VC，创建 xunlian17-1.c 文件。

（2）输入以下代码并编译执行。

```c
#include <stdio.h>
#include <stdlib.h>
#define N 8
struct slist
{
    double s;
    struct slist *next;
};
typedef struct slist STREC;
double fun ( STREC *h )
{
    double aver = 0.0;
    while (h!=NULL)
    {
        aver+=h->s;
        h=h->next;
    }
    aver/=N;
    return aver;
}
STREC * creat ( double *s )
{
    STREC *h, *p, *q;
    int   i=0;
    h=p=( STREC* ) malloc (sizeof (STREC ) );
    p->s=0;
    while ( i<N )
    {
        q=( STREC* ) malloc (sizeof ( STREC ) );
        q->s=s[i];
```

```
            i++;
            p->next=q;
            p=q;
        }
        p->next=0;
        return h;
    }
    outlist ( STREC *h )
    {
        STREC *p;
        p=h->next;
        printf ( " head " );
        do
        {
            printf ( "->%4.1f", p->s );
            p=p->next;
        }
        while ( p!=0 );
        printf ( "\n\n" );
    }
    main ()
    {
        double s[N]={85, 76, 69, 85, 91, 72, 64, 87},   ave;
        STREC *h;
        h=creat ( s );
        outlist (h);
        ave=fun ( h );
        printf ( "ave= %6.3f\n", ave );
    }
```

（3）运行结果如图 17-7 所示。

图 17-7　运行结果

【训练 17.2】学生的记录由学号和成绩组成，N 名学生的数据已在主函数中放入结构体
数组 s 中，请编写函数 fun，它的功能是：把高于等于平均分的学生数据放在 b 所指的数组中，
高于等于平均分的学生人数通过形参 n 传回，平均分通过函数值返回。

问题分析：

本题的思路是：为了实现题目要求，我们可以使用循环累加数组中所有学生的成绩总和，
然后将这个成绩总和除以学生人数得到平均分。然后再次使用循环逐个判断每一个学生的成绩

是否高于等于平均分。如果的确高于等于平均分，则将这个学生的数据包括学号和成绩都放入 b 所指数组中，否则不予处理。

设计步骤：

（1）打开 VC，创建 xunlian17-2.c 文件。

（2）输入以下代码并编译执行。

```c
#include <stdio.h>
#define N 12
typedef struct
{
    char num [10];
    double s;
}  STREC;
double fun (STREC *a, STREC *b, int *n)
{
    double aver=0.0;
    int i , j=0;
    for (i=0; i<N; i++)
    aver+=a[i].s;
    aver/=N;
    for ( i=0; i<N; i++)
    if( a[i].s>=aver)
    {
        *(b+j)=a[i];
        j++;
    }
    *n=j;
    return aver;
}
main()
{
    STREC s[N]={{"GA05",85}, {"GA03",76}, {"GA02",69}, {"GA04",85},
                {"GA01",91}, {"GA07",72}, {"GA08",64}, {"GA06",87},
                {"GA09",60}, {"GA11",79}, {"GA12",73}, {"GA10",90}};
    STREC h [N], t;
    int i,j,n;
    double ave;
    ave=fun (s, h, &n);
    printf ("The %d student data which is higher than %7.3f:\n", n, ave);
    for (i=0; i<n; i++)
    printf ("%s %4.1f\n", h[i]. num, h[i]. s);
    printf ("\n");
    for(i=0;i<n-1;i++)
    for(j=i+1;j<n;j++)
    if(h[i].s<h[j].s)
    {
```

```
            t=h[i];
            h[i]=h[j];
            h[j]=t;
        }
    for(i=0;i<n; i++)
    printf( "%4.1f\n",h[i].s);
}
```

（3）运行结果如图 17-8 所示。

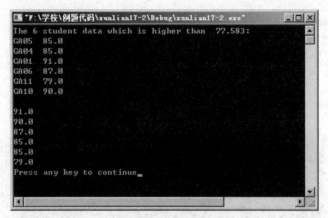

图 17-8　运行结果

【训练 17.3】给定程序中，函数 fun 的功能是：将形参 std 所指结构体数组中年龄最大者的数据作为函数值返回，并在 main 函数中输出。

问题分析：

本题的思路是：为了实现以上要求，程序约定 max 变量存放数组中年龄最大者的数据，然后先将 std 数组的第一个元素 std[0]，也就是*std 先放入 max 变量。然后使用 for 循环将 std 数组中每一个元素的 age 成员与 max 变量的 age 成员进行比较，如果比 max 变量的 age 成员更大，则将这个更大的数组元素覆盖 max 变量中的原有值。当循环结束的时候，max 变量中就保存了题目要求寻找的 std 所指结构体数组中年龄最大者的数据。最后将 max 返回即可。

设计步骤：

（1）打开 VC，创建 xunlian17-3.c 文件。

（2）输入以下代码并编译执行。

```c
#include <stdio.h>
typedef struct
{
    char name[10];
    int age;
}STD;

STD fun(STD std[], int n)
{
    STD max;
    int i;
```

```
        max= *std;
        for(i=1; i<n; i++)
            if(max.age<std[i].age)
                    max=std[i];
        return max;
    }
    main( )
    {
        STD std[5]={"aaa",17,"bbb",16,"ccc",18,"ddd",17,"eee",15 };
        STD max;
        max=fun(std,5);
        printf("\nThe result：\n");
        printf("\nName：%s, Age：%d\n", max.name,max.age);
    }
```

（3）运行结果如图 17-9 所示。

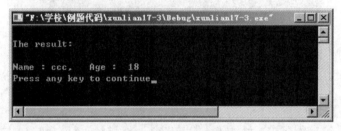

图 17-9   运行结果

五、习题与思考

1．人员的记录由编号和出生年、月、日组成，N 名人员的数据已在主函数中存入结构体数组 std 中，且编号唯一。函数 fun 的功能是：找出指定编号人员的数据，作为函数值返回，由主函数输出，若指定编号不存在，返回数据中的编号为空串。

2．从键盘输入一个字符串，然后反序输出输入的字符串。

注释：程序在从键盘接收字符的同时就在建立链表，所建立的链表本身就已经是反序排列的，因此在反序输出字符串的时候实际只需沿着链表的第一个结点开始，顺序操作即可。

3．从终端上输入 5 个人的年龄、性别和姓名，然后输出。

注释：本程序是通过函数完成对于结构数组的输入和输出操作。函数 data_in 和 data_out 十分相似，都是通过结构指针 p 和结构指针 q 来操作结构数组的元素。

实验 18　文件的应用

一、实验目的

1．掌握 C 语言文件和文件指针的概念。
2．掌握对文件的基本操作，包括文件的打开、关闭、读写等。
3．掌握有关文件操作的函数。

二、实验内容及步骤

【例题 18.1】从键盘输入 3 个学生的数据，将它们存入文件 student；然后再从文件中读出数据，显示在屏幕上。

问题分析：

本题的思路是：写一个 fsave 函数，其功能就是以 fopen()函数以二进制写方式打开 student 文件，利用循环调用 fwrite()函数将学生的信息（结构）以数据块形式写入文件，写完后关闭文件。主程序首先从键盘读入学生的信息（结构），调用 fsave 函数保存学生信息，利用 fopen 函数以二进制读方式打开数据文件，再调用 fread 以读数据块方式读入信息，结束后在屏幕输出，关闭文件。

设计步骤：

（1）打开 VC，创建 liti18-1.c 文件。
（2）输入以下代码并编译执行。

```c
#include <stdio.h>
#define SIZE 3
struct student        //定义结构
{
    long num;
    char name[10];
    int age;
    char address[10];
} stu[SIZE], out;
void fsave ( )
{
    FILE *fp;
    int i;
    if((fp=fopen("student", "wb"))== NULL)
     {
         printf("Cannot open file.\n");
         exit(1);
     }
    for(i=0;i<SIZE;i++)
```

```
            if(fwrite(&stu[i],sizeof(struct student),1,fp) != 1 )
                printf("File write error.\n");
            fclose(fp);
        }
        void main()
        {
            FILE *fp;
            int i;
            for(i=0;i<SIZE;i++)
            {
                printf("Input student %d:",i+1);
                scanf("%ld%s%d%s",&stu[i].num,stu[i].name,&stu[i].age,stu[i].address);
            }
            fsave();
            fp = fopen("student","rb");
            printf(" No. Name Age Address\n");
            while(fread(&out,sizeof(out),1,fp))
            printf ("%8ld %-10s %4d %-10s\n", out.num,out.name,out.age,out.address);
            fclose(fp);
        }
```

（3）运行结果如图 18-1 所示，同时查看 student 文件中内容与屏幕输出是否一致。

图 18-1　运行结果

（4）错误调试记录。

错误语句	错误代码	错误分析	改正语句

【例题 18.2】从键盘输入一行字符串，将其中的小写字母全部转换成大写字母，然后输出到一个磁盘文件"test"中保存。

问题分析：

本题的思路是：首先调用 gets()函数读入一行字符串，处理该行中的每一个字符，若是小写字母，将小写字母转换为大写字母，调用 fputc()函数将转换后的字符写入文件 test，关闭文件。

设计步骤:

(1) 打开 VC,创建 liti18-2.c 文件。

(2) 输入以下代码并编译执行。

```c
#include <stdio.h>
void main( )
{
    FILE *fp;
    char str[100], filename[15];
    int i;
    if((fp=fopen("test", "w")) == NULL)
    {
        printf("Cannot open the file.\n");
        exit(0);
    }
    printf("Input a string:");
    gets(str);
     for(i=0;str[i]&&i<100;i++)
    {
        if(str[i] >= 'a' && str[i] <= 'z')
        str[i] -= 'a'-'A';
        fputc(str[i],fp);
    }
    fclose(fp);
    fp=fopen( "test", "r");
    fgets(str,100,fp);
    printf("%s\n", str);
    fclose(fp);
}
```

(3) 运行结果如图 18-2 所示,同时查看 test 文件中内容与屏幕输出是否一致。

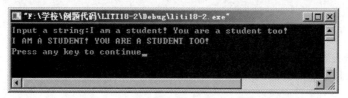

图 18-2　运行结果

(4) 错误调试记录。

错误语句	错误代码	错误分析	改正语句

【例题 18.3】把文本文件 B 中的内容追加到文本文件 A 的内容之后。

例如,文件 B 的内容为 I'm 12.,文件 A 的内容为 I'm a student!,追加之后文件 A 的内容为 I'm a students!I'm 12.

问题分析：

本题的思路是：首先将 A.dat 和 B.dat 以只读的方式打开，显示两者的内容，然后关闭两个文件。随后分别以追加和只读的方式打开 A.dat 和 B.dat，使用循环逐个地读取 B.dat 文件中的每一个字符然后写入 A.dat 文件，处理结束之后关闭这两个文件。最后将 A.dat 以只读的方式打开，然后显示处理之后的内容。

设计步骤：

（1）打开 VC，创建 liti18-3.c 文件。

（2）输入以下代码并编译执行。

```
#include "stdio.h"
#include "conio.h"
#define N 80
int main()
{
    FILE *fp,*fp1,*fp2;
    int i;
    char c[N],t,ch;
    if((fp=fopen("A.dat","r"))==NULL)
    {
        printf("file A cannot be opened\n");
        exit(0);
    }
    printf("\n A contents are：\n\n");
    for(i=0;(ch=fgetc(fp))!=EOF;i++)
    {
        c[i]=ch;
        putchar(c[i]);
    }
    fclose(fp);
    if((fp=fopen("B.dat","r"))==NULL)
    {
        printf("file B cannot be opened\n");
        exit(0);
    }
    printf("\n\n\nB contents are：\n\n");
    for(i=0;(ch=fgetc(fp))!=EOF;i++)
    {
        c[i]=ch;
        putchar(c[i]);
    }
    fclose(fp);
    if((fp1=fopen("A.dat","a"))&& (fp2=fopen("B.dat","r")))
    {
        while((ch=fgetc(fp2))!=EOF)
        fputc(ch,fp1);
```

```
        }
        else
        {
            printf("Can not open A B !\n");
        }
        fclose(fp2);
        fclose(fp1);
        printf("\n********new A contents*********\n\n");
        if((fp=fopen("A.dat","r"))==NULL)
        {
            printf("file A cannot be opened\n");
            exit(0);
        }
        for(i=0;(ch=fgetc(fp))!=EOF;i++)
        {
            c[i]=ch;
            putchar(c[i]);
        }
        fclose(fp);
        printf("\n");
    }
```

（3）运行结果如图 18-3 所示。

图 18-3　运行结果

（4）错误调试记录。

错误语句	错误代码	错误分析	改正语句

三、典型习题讲解

【习题 18.1】有两个磁盘文件 A 和 B，各存放一行字母，要求把这两个文件中的信息合并（按字母顺序排列）输出到一个新文件 C 中。

问题分析：

本题与"例题 18.3"的区别在于需要将两个文件中的信息按字母顺序排序，然后输出到一个新文件 C 中。因此，首先按照例题 18.3 中的步骤将 A、B 文件打开并将其中字符读入到数组中，然后对数组进行排序。最后将排序好的字符输出至文件 C 中。

设计步骤：

（1）打开 VC，创建 xiti18-1.c 文件。

（2）输入以下代码并编译执行。

```
#include "stdio.h"
main()
{
    FILE *fp;
    int i,j,n,ni;
    char c[160],t,ch;
    if((fp=fopen("A.DAT","r"))==NULL)
    {
        printf("file A cannot be opened\n");
        exit(0);
    }
    printf("\n A contents are： \n");
    for(i=0;(ch=fgetc(fp))!=EOF;i++)
    {
        c[i]=ch;
        putchar(c[i]);
    }
    fclose(fp);
    ni=i;
    if((fp=fopen("B.DAT","r"))==NULL)
    {
        printf("file B cannot be opened\n");
        exit(0);}
        printf("\n B contents are： \n");
    for(i=ni;(ch=fgetc(fp))!=EOF;i++)
    {
        c[i]=ch;
        putchar(c[i]);
    }
    fclose(fp);
    n=i;
    for(i=0;i<n;i++)
    for(j=i+1;j<n;j++)
    if(c[i]>c[j])
    {
        t=c[i];c[i]=c[j];c[j]=t;}
        printf("\n C file is:\n");
        fp=fopen("C.DAT","w");
```

```
        for(i=0;i<n;i++)
    {
        putc(c[i],fp);
        putchar(c[i]);
    }
    fclose(fp);
}
```

（3）运行结果如图 18-4 所示。

图 18-4　运行结果

【习题 18.2】有 5 个学生，每个学生有 3 门课程的成绩，从键盘输入学生数据（包括学号、姓名、3 门课成绩），计算出平均成绩，将原有数据和计算出的平均分数存放在磁盘文件 stud 中。

问题分析：

题目需要定义一个学生的结构体数组，包括学号、姓名、成绩数组和平均成绩。主程序中包含三部分，首先循环输入 5 个学生信息，在输入每个学生的三门成绩同时计算出平均成绩并保存入结构体中。然后，使用 fopen()函数打开 stud 文件并使用 fwrite()函数将结构体数组中所有数据写入文件。最后使用 fread()函数将文件中数据读出并打印到屏幕上。

设计步骤：

（1）打开 VC，创建 xiti18-2.c 文件。

（2）输入以下代码并编译执行。

```
#include <stdio.h>
struct student
{   char num[10];
    char name[8];
    int score[3];
    float ave;
}   stu[5];

int main()
{   int i,j,sum;
    FILE *fp;
    for(i=0;i<5;i++)
    {printf("\ninput score of student %d：\n",i+1);
    printf("NO.：");
    scanf("%s",stu[i].num);
```

```
        printf("name： ");
        scanf("%s",stu[i].name);
        sum=0;
        for (j=0;j<3;j++)
          {   printf("score %d： ",j+1);
              scanf("%d",&stu[i].score[j]);
              sum+=stu[i].score[j];
          }
        stu[i].ave=sum/3.0;
    }

    //将数据写入文件
    fp=fopen("stud","w");
    for (i=0;i<5;i++)
        if (fwrite(&stu[i],sizeof(struct student),1,fp)!=1)
        printf("file write error\n");
    fclose(fp);

    fp=fopen("stud","r");
    for (i=0;i<5;i++)
    {   fread(&stu[i],sizeof(struct student),1,fp);
        printf("\n%s,%s,%d,%d,%d,%6.2f\n",stu[i].num,stu[i].name,stu[i].score[0],
        stu[i].score[1],stu[i].score[2],stu[i].ave);}
        return 0;
    }
```

（3）运行结果如图 18-5 所示。

图 18-5　运行结果

【习题 18.3】统计文件中的字符的个数。

问题分析：

调用 fopen 函数以只读方式打开 fname.dat 文件，文件指针指向文件的开头，再利用读字符函数 fgetc 连续读入文件中非空的字符，直到文件的结尾，fclose()函数结束关闭文件。需要注意的是，这里统计的字符个数包括所有字符，空格、换行等字符均包含在内。

设计步骤：

（1）打开 VC，创建 xiti18-3.c 文件。

（2）输入以下代码并编译执行。

```c
#include <stdio.h>
int main()
{   long num=0;
    FILE *fp;
    int ch;
    if((fp=fopen("fname.dat", "r"))==NULL)
    {
        printf("Can't open the file! ");
        exit(0);
    }
    else
    {
        printf("The file is：\n ");
    }
    while(!feof(fp))
    {
        ch=fgetc(fp);
        printf("%c",ch);
        num++;

    }
    printf("\nthe file num=%d\n",num);
    fclose(fp);
}
```

（3）运行结果如图 18-6 所示。

图 18-6　运行结果

四、二级考试提高训练

【训练 18.1】先以只写方式打开文件 out52.dat，再把字符串 str 中的字符保存到这个磁盘文件中。

问题分析：

本题的思路是：首先使用 fopen 函数打开要操作的文件 out52.dat，然后在 while 循环中逐一地将 str 字符串中的字符通过 fputc 函数写入 out52.dat 文件。str 字符串中所有字符处理结束之后则使用 fclose 函数关闭 out52.dat 文件。

设计步骤：

（1）打开 VC，创建 xunlian18-1.c 文件。

（2）输入以下代码并编译执行。

```c
#include <stdio.h>
#include <conio.h>
#define N 80
int main()
{
    FILE *fp;
    int   i=0;
    char ch;
    char str[N]="I'm a students!";
    if((fp=fopen("out52.dat","w"))==NULL)
    {
        printf("cannot open out52.dat\n");
        exit(0);
    }
    while(str[i])
    {
        ch=str[i];
        fputc(ch,fp);
        putchar(ch);
        i++;
    }
    fclose(fp);
    printf("\nstr has been saved in out52.dat\n");
}
```

（3）运行结果如图 18-7 所示。

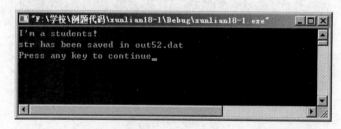

图 18-7　运行结果

【**训练 18.2**】给定程序中，函数 fun 的功能是将形参给定的字符串、整数、浮点数写到文本文件中，再用字符方式从此文本文件中逐个读入并显示在终端屏幕上。请在程序的下划线处填入正确的内容并把下划线删除，使程序得出正确的结果。

注意：

（1）源程序存放在考生文件夹下的 BLANK1.C 中。

（2）不得增行或删行，也不得更改程序的结构。

给定源程序：

```c
#include <stdio.h>
void fun(char *s, int a, double f)
{
    /**********found**********/
    __1__ fp;
    char ch;
    fp = fopen("file1.txt", "w");
    fprintf(fp, "%s %d %f\n", s, a, f);
    fclose(fp);
    fp = fopen("file1.txt", "r");
    printf("\nThe result：\n\n");
    ch = fgetc(fp);
    /**********found**********/
    while (!feof(__2__)) {
    /**********found**********/
    putchar(__3__); ch = fgetc(fp); }
    putchar('\n');
    fclose(fp);
}
main()
{   char a[10]="Hello!"; int b=12345;
    double c= 98.76;
    fun(a,b,c);
}
```

问题分析：

本题是考查先把给定的数据写入到文本文件中，再从该文件读出并显示在屏幕上。

第一处：定义文本文件类型变量，所以应填"FILE *"。

第二处：判断文件是否结束，所以应填"fp"。

第三处：显示读出的字符，所以应填"ch"。

设计步骤：

（1）打开 VC，创建 xunlian18-3.c 文件。

（2）输入以上代码并编译执行，将三处填空问题按照问题分析中的内容补全。

删除"__1__"并输入 FILE*

删除"__2__"并输入 fp

删除"__3__"并输入 ch

（3）运行结果如图 18-8 所示。

图 18-8　运行结果

五、习题与思考

1．从键盘输入一个字符串，将小写字母全部转换成大写字母，然后输出到一个磁盘文件 test 中保存。输入的字符串以!结束。

2．有两个磁盘文件 A 和 B，各存放一行字母，要求把这两个文件中的信息合并（按字母顺序排列）输出到一个新文件 C 中。

3．以字符流形式读入一个文件，从文件中检索出六种 C 语言的关键字，并统计、输出每种关键字在文件中出现的次数。本程序中规定：单词是一个以空格或'\t'、'\n'结束的字符串。

实训　C 语言综合设计

C 语言程序设计是一门实践性很强的课程，是数据结构、C++、操作系统等课程的前导课程。综合设计是综合运用 C 语言程序设计的知识来解决一个实际问题，强化实践能力，进一步提高综合运用能力的重要环节。

本实训从问题分析、功能模块流程图、编码、测试、综合设计报告几个方面，对一个学生信息管理系统综合案例进行分析以供参考。

本系统主要实现学生成绩信息（学号、姓名、班级、英语成绩、语文成绩、总分）的管理维护、信息查询以及显示输出等功能。

一、实训目的

通过利用三种程序基本结构以及结构体、函数、指针等相关知识设计开发程序，进一步理解和掌握 C 语言的语法以及三种基本程序结构的综合应用。

二、实训要求

需要复习本书以前所学内容，根据实验内容，认真编写程序代码、上机调试程序，书写实验报告。

三、问题概述

学生成绩信息管理系统主要包含以下几个模块：
（1）新增学生信息。
（2）删除学生信息。
（3）根据学号对记录排序。
（4）输入学号查找对应记录。
（5）显示全部记录。
（6）退出系统。
（7）主函数 main()调用各功能函数。

四、问题分析

根据题目要求，学生成绩信息设置一个结构体，结构体中包含学号、姓名、班级、外语成绩、语文成绩和总分等字段。结构体结构见表 19-1。

表 19-1　学生成绩结构体

字段	类型
学号	整形
姓名	字符串

字段	类型
班级	字符串
外语成绩	浮点型
语文成绩	浮点型
总成绩	浮点型

学生记录使用结构体链表，链表中应包含学生信息结构体以及指向下一条记录的指针。链表的头指针要定义为全局变量。

下面具体分析各功能模块操作：

（1）新增记录：开辟学生结构体空间，输入各字段内容，计算总分并将链表节加入到尾部，同时，在增加记录的时候应注意是否已存在该学号的记录，如果已存在则不允许添加。

（2）删除记录：输入学生学号，遍历链表，如查找到相应记录则将该条记录删除，如果未查找到记录则提示操作失败。在删除记录时应注意对节点空间的释放，并且注意删除的是否为链表中唯一记录，如果删除释放的节点为头节点则会引起程序崩溃。

（3）排序：根据学号进行由小到大的排序。使用冒泡法对链表中的元素进行排序并输出，排序中对链表节点进行交换的操作实质上是改变要交换节点下一记录指针的指向，在排序的总体思路上仍是两重循环，内循环将当前具有学号最大值的节点依次与后面节点比较，外循环则控制内循环在链表中的执行范围。

（4）查找：输入学号并遍历链表，如果查找到相应学号，则显示该节点学生结构中所有信息，如遍历完成后未找到该学号，则提示错误信息。

（5）输出全部信息：遍历链表并将所有链表节点信息输出。

（6）系统退出：系统退出时应把所有内存空间释放，可以采用从头遍历链表的方式，每次将头部节点释放，直到整个链表结尾。

（7）主调函数：主调函数显示一个欢迎界面和菜单，提示用户输入选择信息，使用 switch 语句调用相应的功能函数。

五、功能模块描述及功能模块图

根据题目要求，本系统可以划分为以下模块：

（1）新增学生信息，函数名为 void addstu()；

（2）删除学生记录，函数名为 void delstu()；

（3）按学号排序，函数名为 void sortbyno()；

（4）按学号查找，函数名为 void searchbyno()；

（5）输出学生所有记录，函数名为 void showall()；

（6）调用各功能函数的主调函数，函数名为 void call(char select)；

（7）清空链表函数，函数名为 void freestu()；

（8）系统主函数，函数名为 void main()。

图 19-1 至图 19-8 所示为各功能模块的 N-S 图。

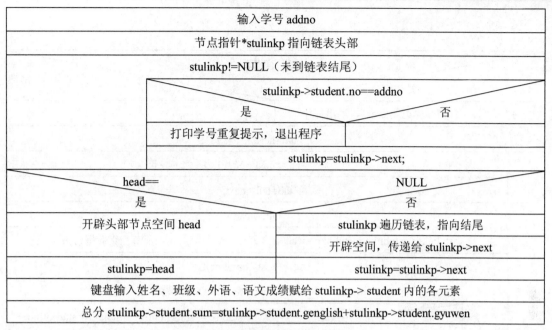

图 19-1　新增学生记录 N-S 图

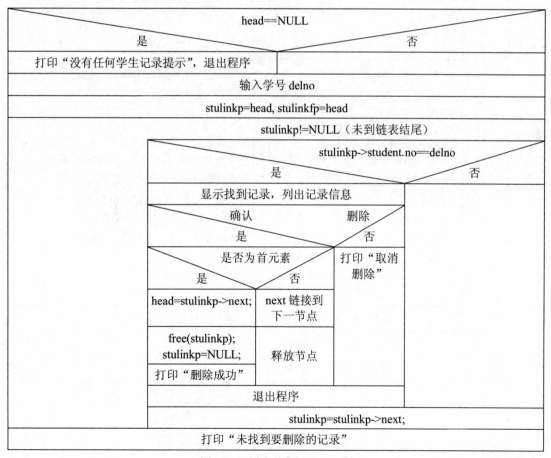

图 19-2　删除学生记录 N-S 图

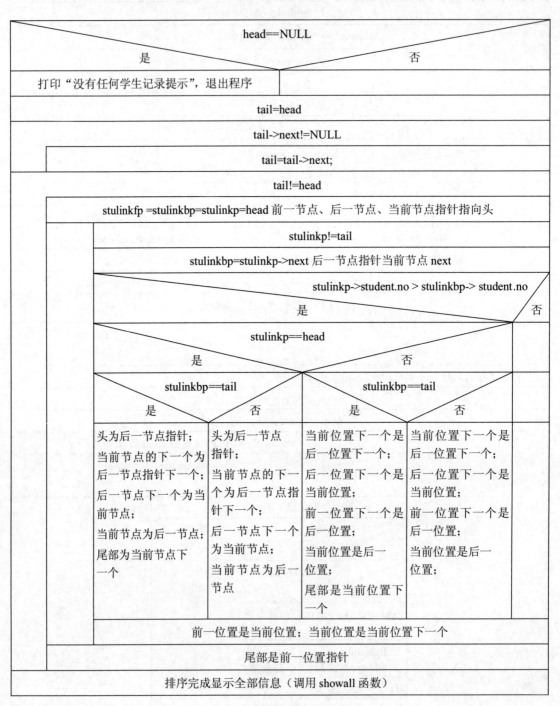

图 19-3　按学号排序 N-S 图

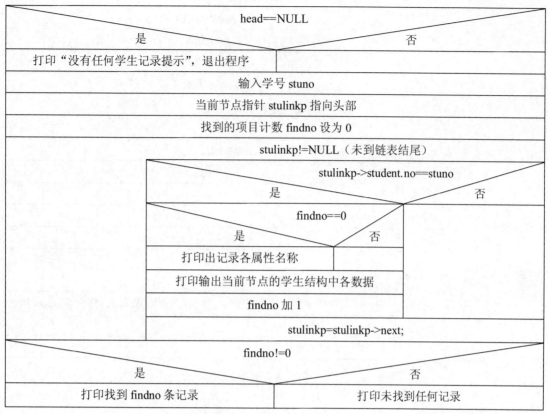

图 19-4　按学号查找 N-S 图

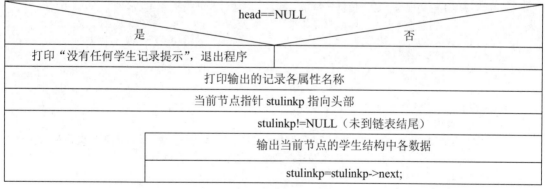

图 19-5　输出学生所有记录 N-S 图

传入的参数 select				
'1'	'2'	'3'	'4'	其他情况
调用 addstu()	调用 delstu()	调用 sortbyno()	调用 searchbyno()	打印"选择有误"

图 19-6　主调函数 N-S 图

当前节点指针 stulinkp 指向头部	
head!=NULL	
	头部为当前节点指针 stulinkp 的下一个节点
	释放当前节点空间
	当前节点指向头部

图 19-7　清空链表函数 N-S 图

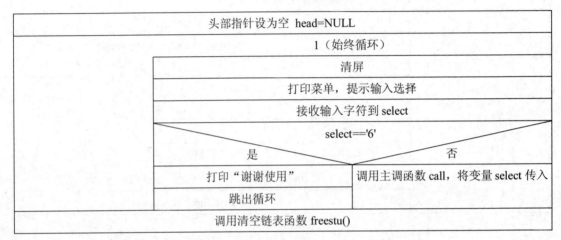

图 19-8　主函数 N-S 图

六、源程序清单

创建 stuinfo.c 文件并输入以下代码：

```
//本程序主要实现学生成绩信息（学号、姓名、班级、英语成绩、语文成绩、总分）的管
//理维护、信息查询以及打印输出等功能。主要包括：
// （1）调用各功能函数
// （2）新增学生信息
// （3）删除学生信息
// （4）按学号排序
// （5）按学号查找
// （6）输出学生成绩信息
//程序中使用 fflush(stdin)的功能是清除键盘的缓冲区，以免上次输入影响到第二次输入
/////////////////////////引用//////////////////////////////
#include <stdio.h>
#include <windows.h>
/////////////////////////自定义函数声明//////////////////
void call(char select);//根据菜单选择，调用相应功能的自定义函数
void addstu();//新增学生记录函数 addstu()
void delstu();//删除学生记录函数 delstu()
void sortbyno();//按学号排序函数 sortbyno()
void searchbyno();//按学号查找函数 searchbyno()
void showall();//输出学生所有记录函数 showall()
void freestu();//清空链表函数 freestu()
```

```c
//结构体定义
struct stu
{
    int no;
    char name[11];
    char classname[21];
    float genglish;
    float gyuwen;
    float sum;
};      //学生信息结构体
struct stulink
{
    struct stu student;
    struct stulink* next;
};      //学生信息链表结构体
struct stulink *head;

/////////////////////////////主函数/////////////////////////////
void main()
{
    char select;
    head=NULL;
    while(1)
    {
        system("cls");     //清屏函数，在 windows.h 中
        printf("\t 欢迎使用学生成绩数据库系统！\n");
        printf("\t1  新增学生信息\n"
            "\t2  删除学生信息  \n"
            "\t3  按学号排序\n"
            "\t4  根据学号查找学生信息\n"
            "\t5  输出学生成绩信息\n"
            "\t6  退出系统\n");
        printf("请选择对应编号的操作：");
        fflush(stdin);
        scanf("%c",&select);
        system("cls");     //清屏函数，在 windows.h 中
        if(select=='6')
        {
            printf("谢谢您的使用！\n"); system("pause");
            //system("pause");暂时中断，按任意键继续
            break;       //跳出 while 循环，结束程序
        }
        else
            call(select);
    }
    freestu();
}
```

```
/////////////////////////////////菜单函数/////////////////////////////////
void call(char select)   //根据菜单选择，调用相应功能的自定义函数
{
        switch(select)
        {
              case '1': addstu();break;
              case '2': delstu();break;
              case '3': sortbyno();break;
              case '4': searchbyno();break;
              case '5': showall();break;
              default:
                    printf("您的选择有误，请重新选择！\n");
                    system("pause");//system("pause");暂时中断，按任意键继续
        }
}
/////////////////////////////////新增学生记录函数/////////////////////////////////
void addstu()//新增学生记录函数 addstu()
{
     int addno;
     struct stulink* stulinkp;
     struct stulink* stulinkfp;
     //为了保证学号不重复，首先单独输入并检查
     printf("请输入学号：");
     scanf("%d",&addno);
     stulinkp=head;
     while(stulinkp!=NULL)
     {
          if(stulinkp->student.no==addno)
          {
               printf("记录中有相同的学号，不能重复！\n");
               system("pause");
               return;
          }
          stulinkp=stulinkp->next;
     }
     if(head==NULL)//文件头为空
     {
          head=(struct stulink*)malloc(sizeof(struct stulink));
          head->next=NULL;
          stulinkp=head;
     }
     else
     {
          //在链表最后一位添加新增记录
          stulinkp=head;
          while(stulinkp->next!=NULL)
               stulinkp=stulinkp->next;
          stulinkp->next=(struct stulink*)malloc(sizeof(struct stulink));
```

```c
            stulinkfp=stulinkp;
            stulinkp=stulinkp->next;
            stulinkp->next=NULL;
        }
    stulinkp->student.no=addno;
    printf("请输入姓名：");
    fflush(stdin);
    scanf("%s",stulinkp->student.name);
    printf("请输入班级：");
    fflush(stdin);
    scanf("%s",stulinkp->student.classname);
    printf("请输入英语成绩：");
    scanf("%f",&stulinkp->student.genglish);
    printf("请输入语文成绩：");
    scanf("%f",&stulinkp->student.genglish);
    //总分自动计算，不需要输入
    stulinkp->student.sum=stulinkp->student.genglish+stulinkp->student.gyuwen;
}


/////////////////////////////删除学生记录函数//////////////////////
void delstu()//删除学生记录函数 delstu()
{
    int delno;
    char yesno;
    struct stulink* stulinkp;
    struct stulink* stulinkfp;       //指向当前链表前一个位置
    if(head==NULL)              //文件头为空
    {
        printf("没有任何学生纪录！\n");
        system("pause");
        return;
    }
    printf("请输入要删除记录的学生学号：");
    scanf("%d",&delno);
    stulinkp=head;
    stulinkfp=head;
    while(stulinkp!=NULL)
    {
        if(stulinkp->student.no==delno)
        {
        printf("找到该学号的学生记录，记录信息为：\n");
        printf("━━━━━━━━━━━━━━━━━━━━━━━━━━━━━━━\n");
        printf("学号      姓名          班级            英语成绩  语文成绩  总分\n");
        printf("━━━━━━━━━━━━━━━━━━━━━━━━━━━━━━━\n");
        printf("%-8d%-12s%-16s%-10g%-8g%-8g\n",
            stulinkp->student.no,
            stulinkp->student.name,
            stulinkp->student.classname,
```

```
                    stulinkp->student.genglish,
                    stulinkp->student.gyuwen,
                    stulinkp->student.sum);
        printf("————————————————————————————————————\n");
        printf("是否确认删除？（y/n）");
        fflush(stdin);
        yesno=getchar();
        if(yesno=='y' || yesno=='Y')
            {
                        stulinkfp->next=stulinkp->next;
                        if(stulinkp==head)//如果当前为首元素
                        {
                            head=stulinkp->next;
                            free(stulinkp);
                            stulinkp=NULL;
                        }
                        else
                        {
                            free(stulinkp);
                            stulinkp=NULL;
                        }
                printf("记录删除成功！\n");
            }
        else
                printf("未执行删除操作。\n");
        system("pause");
        return;
        }
        stulinkfp=stulinkp;
        stulinkp=stulinkp->next;
    }
    printf("未找到该学号的学生记录！\n");
    system("pause");
}


//////////////////////////排序函数//////////////////////////////////
void sortbyno()//按学号排序函数 sortbyno()
{    //使用冒泡法交换
    struct stulink* stulinkp;
    struct stulink* stulinkbp;       //临时保存当前链表后一个位置
    struct stulink* stulinkfp;       //临时保存当前链表前一个位置
    struct stulink* tail;            //指向内循环最后一个交换过的位置
    if(head==NULL)                   //文件头为空
    {
        printf("没有任何学生记录！\n");
        system("pause");
        return;
    }
```

```
tail=head;
while(tail->next!=NULL)    //先将 tail 指向链表结尾
      tail=tail->next;
while(tail!=head)
{
      stulinkp=head;
      stulinkbp=head;
      stulinkfp=head;
      while(stulinkp!=tail)    //保证循环走到最后一个的前一个就结束
      {
            stulinkbp=stulinkp->next;
            if(stulinkp->student.no > stulinkbp->student.no)
                  //链表中当前位置的学号比后面的大就要做交换
            {
                  if(stulinkp==head)           //说明当前位置还是链表头部
                  {
                        if(stulinkbp==tail)    //说明交换到了尾部
                        {
                              head=stulinkbp;
                              stulinkp->next=stulinkbp->next;
                              stulinkbp->next=stulinkp;
                              stulinkp=stulinkbp;    //将当前指向位置回位
                              tail=stulinkp->next;
                        }
                        else
                        {
                              head=stulinkbp;
                              stulinkp->next=stulinkbp->next;
                              stulinkbp->next=stulinkp;
                              stulinkp=stulinkbp;          //将当前指向位置回位
                        }
                  }
                  else
                        if(stulinkbp==tail)      //说明交换到了尾部
                        {
                              stulinkp->next=stulinkbp->next;
                              //当前位置的下一个是下一个的下一个
                              stulinkbp->next=stulinkp;
                              //stulinkbp 已经变为当前位置,
                              //要将它的下一个指向原来的当前位置
                              stulinkfp->next=stulinkbp;
                              //当前位置的前一个的下一个是当前位置的下一个
                              stulinkp=stulinkbp;
                              //将当前指向位置回位
                              tail=stulinkp->next;
                              //重设尾部指针为交换后的那个
                        }
                        else
```

```
                            {
                                stulinkp->next=stulinkbp->next;
                                //当前位置的下一个是下一个的下一个
                                stulinkbp->next=stulinkp;
                                //stulinkbp 已经变为当前位置
                                //要将它的下一个指向原来的当前位置
                                stulinkfp->next=stulinkbp;
                                //当前位置的前一个的下一个是当前位置的下一个
                                stulinkp=stulinkbp;
                                //将当前指向位置回位
                            }
                        }
                        stulinkfp=stulinkp;
                        stulinkp=stulinkp->next;
                    }
                    tail=stulinkfp;    //tail 向前移动一位
                }
                //排序完后显示全部记录
                printf("学号由小到大排列的记录信息是：\n");
                showall();
            }

///////////////////////////按学号查找函数////////////////////////////
void searchbyno()//按学号查找函数 searchbyno()
{
    int stuno;
    int findno; //找到相同姓名的记录数目
    struct stulink* stulinkp;
    if(head==NULL)//文件头为空
    {
        printf("没有任何学生记录！\n");
        system("pause");
        return;
    }
    printf("请输入要查找的学生学号：");
    scanf("%d",&stuno);
    stulinkp=head;
    findno=0;
    while(stulinkp!=NULL)
    {
        if(stuno==stulinkp->student.no)
        {
            if(findno==0)    //如果是第一次找到该记录，则打印标题
            {
                printf("找到该学号的学生记录，记录信息为：\n");
                printf("───────────────────────────────\n");
                printf("学号     姓名        班级        英语成绩  语文成绩  总分\n");
                printf("───────────────────────────────\n");
```

```
        }
        printf("%-8d%-12s%-16s%-10g%-8g%-8g\n",
                stulinkp->student.no,
                stulinkp->student.name,
                stulinkp->student.classname,
                stulinkp->student.genglish,
                stulinkp->student.gyuwen,
                stulinkp->student.sum);
            findno++;
        }
        stulinkp=stulinkp->next;
    }
    if(!findno)
        printf("未找到要查询的学生记录。\n");
    else
    {
        printf("═══════════════════════════════════════════════\n");
        printf("共找到%d 条符合条件的学生记录！\n",findno);
    }
    system("pause");
}


/////////////////////////////////输出所有记录/////////////////////////////////
void showall()//输出学生所有记录函数 showall()
{
    struct stulink* stulinkp;
    if(head==NULL)//文件头为空
    {
        printf("没有任何学生记录！\n");
        system("pause");
        return;
    }
    stulinkp=head;
    printf("═══════════════════════════════════════════════\n");
    printf("学号     姓名        班级           英语成绩   语文成绩   总分\n");
    printf("═══════════════════════════════════════════════\n");
    while(stulinkp!=NULL)
    {
        //成绩信息（学号、姓名、班级、计算机、专业英语、总分）
        printf("%-8d%-12s%-16s%-10g%-8g%-8g\n",
                stulinkp->student.no,
                stulinkp->student.name,
                stulinkp->student.classname,
                stulinkp->student.genglish,
                stulinkp->student.gyuwen,
                stulinkp->student.sum);
        stulinkp=stulinkp->next;
    }
```

```
        printf("——————————————————————————————————\n");
        system("pause");
    }

    ////////////////////////////清空链表函数////////////////////////////
    void freestu()//清空链表函数 freestu()
    {
        //清空链表
        struct stulink* stulinkp;
        stulinkp=head;
        while(head!=NULL)
        {
            head=stulinkp->next;
            free(stulinkp);
            stulinkp=head;
        }
    }
```

七、测试数据及结果

编写完程序，经过运行调试，输入各种选择以及数据测试，下面是程序运行截图结果。
（1）程序启动界面如图 19-9 所示。

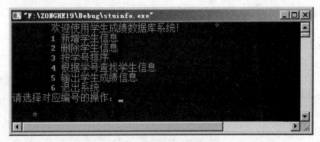

图 19-9　程序启动界面

（2）新增记录操作（主界面输入"1"后）输入新增学生信息，界面如图 19-10 所示。
1）学号无重复的情况。

图 19-10　新增一个记录

2）学号有重复的情况，在输入过程中如遇到学号已经输入的情况则如图 19-11 所示。

图 19-11　学号有重复

（3）删除记录操作（主界面输入"2"）。

1）提示输入要删除的学号，如果存在要删除学生学号，则如图 19-12 所示。

图 19-12　删除学生记录

2）如果输入的学号不存在，则如图 19-13 所示。

图 19-13　删除的学号不存在

（4）按学号排序操作（主界面输入"3"后）。

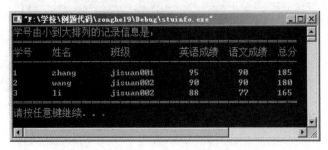

图 19-14　按学号排序

（5）按学号查找操作（主界面输入"4"进入按学号查找界面）。

1）输入要查找的学号，如果存在该学号记录，则如图 19-15 所示。

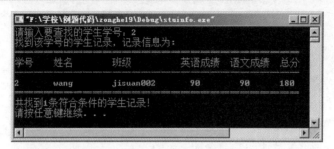

图 19-15　输入学号查找学生

2）如果不存在则如图 19-16 所示。

图 19-16　查找不到学号

（6）输出所有学生记录操作（在主界面输入"5"），如图 19-17 所示。

图 19-17　输出所有学生记录

（7）退出系统操作如图 19-18 所示。

图 19-18　退出系统

参考文献

[1] 谭浩强. C 程序设计[M]. 4 版. 北京：清华大学出版社，2010.

[2] 教育部考试中心. 全国计算机等级考试二级教程：C 语言程序设计[M]. 北京：高等教育出版社，2013.

[3] 全国计算机等级考试命题研究中心，未来教育教学与研究中心. 全国计算机等级考试上机专用题库：二级 C 语言[M]. 北京：人民邮电出版社，2013.

[4] 姜雪，王毅，刘立君. C 语言程序设计实验指导[M]. 北京：清华大学出版社，2009.

[5] 王敬华. C 语言程序设计教程习题解答与实验指导[M]. 2 版. 北京：清华大学出版社，2009.

[6] 林冬梅，冉清. C 语言实训教程[M]. 北京：高等教育出版社，2011.

[7] 王静，武春岭. C 语言程序设计基础习题集[M]. 北京：中国水利水电出版社，2008.

[8] 丁亚涛. C 语言程序设计上机实训与考试指导[M]. 北京：中国水利水电出版社，2010.

[9] 周彩英. C 语言程序设计教程[M]. 北京：清华大学出版社，2011.